행동으로 읽는

# 강아지
# 마음 알기

혜지원

# 목차

## DOG 신호

## 1 개에 대한 상식

### 본능 & 습성

##  2 희로애락, 개의 말을 배우자

### 기쁨 & 즐거움

## 3 개들 사이의 커뮤니케이션

### 개와 개

# 4 상황별 라이프 스타일

## 식사

## 산책

## 수면

## 🦴5 착한 개로 지내면 좋겠어! 교육

# 견종별로 가진 신기한 특성

 견종별

# 반려견과의 사이가 더욱 좋아지는 놀이법

# 머리말

　개를 키워 본 적이 있는 사람이나 개를 좋아하는 사람이라면 누구나 한 번쯤은 '개와 이야기를 할 수 있으면 좋겠어'라는 생각, 해 보신 적이 있지 않나요?

　구약성서에 나오는 고대 이스라엘의 왕이었던 솔로몬은 마법의 반지를 껴서 모든 동물과 이야기를 할 수 있었다고 합니다. 그와 다르게 우리는 마법의 반지를 가지고 있지는 않지만, 대신 오감에 기대어 개와 조금은 이야기를 할 수 있습니다.

　우리는 평소에 개의 몸짓이나 행동을 보며 '이 말이 하고 싶은 건가?', '이렇게 말하려는 게 아닐까?' 하고 열심히 추측해 보기도 하고, '진짜 하고 싶은 말은 뭘까?'라는 생각도 하며 개의 마음을 알기 위해 노력합니다. 이와 더불어 개를 오랜 기간 동안 기르면서 개의 신호를 오감으로 느끼다보면 '산책 가자!', '놀자, 놀자!', '무서워!'를 나타내는 행동 정도는 알 수 있게 됩니다.

　이 책은 결코 솔로몬의 반지는 아니지만, '개는 이럴 때 어떻게 생각할까?', '무슨 말을 하는 거지?'와 같은 누구나 한 번쯤은 의문을 가졌던 행동의 의미(개의 기분)를 지금까지의 연구와 실제 사례에 대한 조사를 통해 알기 쉽게 소개하고 있습니다. 이미 반려견을 기르고 있는 사람뿐만이 아니라 앞으로 기르려는 사람에게도 도움이 되도록 가능한 한 쉽게 설명하려고 했습니다.

　정신이 아득해질 정도의 세월이 걸려 진짜 솔로몬의 반지를 손에 넣는다고 하더라도, 개의 기분을 100% 이해하지 못할지도 모릅니다. 그러니 반지도 없는 우리들은 개의 기분을 이해하는 데 더욱 어려움이 들겠지요. 그러나 조금이라도 개의 기분을 이해할 수 있다면, 당신과 반려견 사이의 거리는 틀림없이 확 줄어들 것입니다. 사랑하는 반려견의 기분을 더 알고 싶지 않으신가요?

미즈코시 미나(水越 美奈)
나의 사랑하는 반려견 타바사, 지지, 신디와 함께

# 몸짓이나 행동에는 모두 의미가 있다!

# DOG 신호

개는 말을 하는 대신 표정이나 보디랭귀지, 울음소리로 메시지를 전합니다. 그런 신호들을 읽어 낼 수 있다면 개와 사이가 더욱 좋아질 수 있을 것입니다.

## DOG 신호 ① 표정

### 눈의 변화와 그 의미

**시선을 곧게 마주친다.**

부릅뜬 눈으로 상대를 바라보는 것은 대개 위협이나 '공격할 거야.'라는 마음을 표현하는 신호입니다. 하지만 좋아하는 사람(주인)을 다정하게 바라보는 것은 애정의 표시입니다.

**시선이 마주치지 않도록 눈을 피한다.**

개는 원래 정면에서 누군가가 바라보는 것을 꺼려합니다. 눈을 피하는 것은 불안을 느끼거나 복종을 표현하는 신호입니다. '저는 공격 의사가 없습니다.'라고 말하는 것입니다.

**눈 깜빡임을 반복한다.**

눈 깜빡임을 반복하는 행동은 상대방의 공격적인 태도에 대해 자신은 적의가 없다는 것을 표현하는 신호입니다. 이때는 눈을 곧장 피하지는 않고 눈을 깜빡이면서 시선을 돌립니다.

**귀는 편안하게 세워져 있고,
입은 다물고 있다.**

인간의 미소에 가까운 표정이며 행복하고 느긋한 기분입니다. 주위에 경계할 것이 아무것도 없어서 온화한 상태입니다.

**귀는 앞으로 약간 기울어졌으며
입은 힘을 빼고 가볍게 약간 벌리고 있다.**

가까운 곳에 흥미가 있는 것을 발견했을 때의 표정입니다. '저건 뭘까?' 하고 주목하는 상태입니다.

**귀는 뒤로 젖혀 있고,
입은 온화하게 벌리고 있다.**

'안녕', '같이 놀자'라는 호의를 나타내는 신호입니다. 좋아하는 사람이나 개 친구들을 만났을 때 많이 볼 수 있습니다. 눈을 깜빡이는 것도 같은 신호입니다.

**귀는 뒤로 당겨졌으며
입은 살짝 벌리고 있다.**

귀가 뒤로 당겨졌으며 양쪽으로 살짝 내민 형태입니다. '뭔가 수상한 걸'이라고 생각하면서 주위의 상황에 긴장과 불안을 조금 느낄 때 나타납니다.

**귀는 앞으로 기울어져 있고,
입은 C자 모양으로 벌어져 있다.**

귀를 앞으로 귀울이고 코에 주름을 ·세우며 이빨을 드러내는 것은, '여차하면 싸울 거야'라는 공격 신호입니다. 등줄기의 털을 세우는 경우도 있습니다.

**귀는 뒤로 젖혀 있고
이빨을 완전히 드러내고 있다.**

얼굴에 붙을 정도로 양쪽 귀를 뒤로 젖히고 이빨을 완전히 드러내는 것은 두려움을 나타내는 표정입니다. '공격하지 마'라는 방어 신호입니다.

# 보디랭귀지

## 자세의 법칙

공격할 때나 자신감이 있을 때는 몸을 크게 보이게 만들고, 복종할수록 몸을 작게 만듭니다.

← 몸을 작게          자세          몸을 크게 →

**완전한 복종**

위를 향해 누워서 배나 목을 보이는 것은 완전히 복종한다는 신호입니다. 이때는 얼굴을 옆으로 돌려서 상대방과 눈을 마주치려 하지 않습니다.

**복종**

자신의 몸을 될 수 있는 한 작게 보이려고 하는 것은 복종의 신호입니다. 쭈그러들 것처럼 몸을 낮게 하고, 귀를 내리고 꼬리를 몸에 붙이면서, '당신이 저보다 위입니다'라고 인정하는 것입니다.

**자신감이 있다.**

자신의 몸을 크게 보이려고 하는 것은 자신감이 있고 자신이 우위의 위치에 있다는 신호입니다. 온몸의 털을 세웠으며 코 위에 주름이 져 있는 경우에는, 도전한다면 공격하겠다는 뜻을 나타내는 신호입니다.

## 꼬리의 법칙

평소에는 처져 있지만 지배력이 강하다고 생각할수록 꼬리의 위치가 높아지고 복종할 때는 꼬리를 내립니다.

고

꼬리의 위치

저

**자신감이 있다.**

꼬리의 위치가 높을수록 지배력이 강하다고 생각한다는 의미입니다. 공격적일 때는 꼬리가 곧게 바짝 뻗어 있거나 등 쪽으로 약간 휘어지는 경우도 있습니다.

흔드는 속도          빠름 →

**복종**

꼬리의 위치가 낮을수록 복종한다는 의미입니다. 평소에는 꼬리가 아래로 약간만 처져 있지만, 공포나 불안을 느꼈을 때는 다리 사이로 집어넣을 정도로 아주 낮게 내립니다.

**흥분**

꼬리를 흔드는 속도로 흥분의 정도를 알 수 있습니다. 흥분이나 긴장을 하고 있을 때는 속도가 빨라집니다.

**꼬리가 수평으로 내밀어져 있다.**

털이 세워져 있지 않은 경우는 '재미있는 일이 일어날 것 같아'라는 생각을 가지고 무엇인가에 주목하고 있다는 신호입니다.

**꼬리를 크게 흔든다.**

상대방에 대한 호의나 반항할 생각이 없는 복종을 나타내는 신호입니다. 때로는 배도 같이 좌우로 흔드는 경우도 있습니다.

**꼬리가 말려 있다.**

뒷다리 사이로 말려들어 갈 정도로 꼬리를 내리고 있는 것은 '무서워', '저쪽으로 가'라는 두려움의 신호입니다.

**꼬리가 뒷다리 근처까지 내려가 있다.**

몸의 높이는 보통 상태인데 꼬리가 뒷다리 근처까지 많이 내려가 있는 것은 육체적, 정신적으로 스트레스를 느끼고 있다는 신호입니다. 기분이 그다지 좋지 않고 무엇인가에 불쾌감을 느끼고 있다는 의미입니다.

**꼬리가 등 쪽으로 약간 굽어 있다.**

꼬리가 올라가서 등 쪽으로 약간 굽어 있는 것은 자신감이 있다는 신호입니다. '여기에서는 내가 강해'라는 자신감을 나타냅니다.

**꼬리가 전체적으로 곤두서 있다.**

꼬리가 곤두서 있고 털이 세워져 있는 것은 긴장이나 공격을 나타내는 신호입니다. '여차하면 공격할 거야!'라는 마음을 나타냅니다.

**앞다리를 뻗어 몸을 낮게 만든다.**

앞다리를 뻗어 상체를 낮게 만들고 꼬리를 크게 좌우로 흔드는 것은 '주인님과 놀고 싶어요'를 나타내는 전형적인 신호입니다. 이 포즈를 잠깐 취한 뒤에 기세 좋게 달리기 시작하는 경우도 있습니다.

**벌렁 자빠져서 배를 보인다.**

벌렁 자빠지거나 옆으로 누워서 배나 목을 보이는 자세는 완전한 복종을 의미하는 자세입니다. 꼬리를 말거나 오줌을 흘리는 경우도 있습니다.

**몸을 꼬며 꼬리를 흔든다.**

몸의 힘을 빼고 몸을 웅크리듯이 꼬면서 꼬리를 흔드는 자세는 어리광을 부리는 자세입니다. 어리광을 부릴 상대에게 다가가 몸을 가까이 갖다 댄다거나 얼굴을 핥는 것도 어리광의 신호입니다.

**꼬리는 말려 있고 몸을 낮게 만든다.**

자세를 낮게 한 채 꼬리를 아래로 늘어뜨리거나 다리 사이로 말아 넣고 거의 움직이지 않습니다. 이런 상태는 공격을 할지 도망을 갈지 망설이고 있는 상태입니다. 등줄기의 털이 서 있는 경우도 있습니다.

**꼬리는 올라가고 등줄기의 털이 곤두서 있다.**

다리를 약간 앞으로 내민 것처럼 긴장시킨 채로 똑바로 서 있는 것은 공격적인 상태라는 신호입니다. 상대방의 위협에 대해 '나도 여차하면 공격할 거야'라는 마음을 나타냅니다. 등줄기의 털이 서 있는 경우도 있습니다.

**꼬리는 늘어뜨리고 몸을 낮게 만든다.**

주변 상황에 대해 긴장과 불안을 느끼고 있다는 신호입니다. 이런 경우 자세를 낮게 하고 꼬리는 늘어뜨리며, 숨이 빨라집니다. 발바닥에서 땀을 흘리는 경우도 있습니다.

**강아지가 뒷발로 서서
상대방에게 달려든다.**

강아지가 같이 놀자고 하는 전형적인 신
호입니다. 뒷다리로 선 채로 서로 마주보
면서 몸의 일부를 가볍게 물거나, 앞으로
뛰어드는 것도 '놀재'라는 신호입니다.

**자연스럽게 서서
꼬리를 내리고 있다.**

꼬리는 자연스럽게 늘어뜨리고, 다리는
적당한 폭으로 벌리고 서 있는 것은 긴장
이 풀려 있는 상태입니다. 입을 가볍게 벌
려 혀를 내밀고 있는 경우도 있습니다.

**등을 웅크리고 앉아 있다.**

몸을 작게 웅크리고 앉아 있는 것은 약간 불안하고 어쩌면
좋을지 몰라서 곤란해 하고 있다는 신호입니다. 주인에게
혼나서 곤란해할 때 이 자세를 취하는 경우도 있습니다.

# 이런 몸짓은 몸 상태가 안 좋다는 신호!

개는 "아파", "힘들어"라고 말을 할 수 없으니
몸이 안 좋다는 의미의 신호를 놓치지 맙시다!
움직임이 이상하거나 평소와 다를 때는 망설이지 말고 동물병원으로 데려갑시다.

비틀

비틀

## check1

**재채기를 하거나 콧물이 나온다.**

콧물을 흘리거나 재채기를 하는 등 사람이 감기에 걸렸을 때와 비슷한 증상이 보일 때는 주의 깊게 살펴 볼 필요가 있습니다. 비염이나 바이러스성 질환일 가능성이 있습니다.

## check2

**걸음걸이가 이상하다.**

비틀거리면서 걷고 다리를 지면에 붙이지 않는 등 다친 것도 아닌데 걸음걸이가 이상할 때는 주의 깊게 살펴 볼 필요가 있습니다. 강아지가 그럴 경우에는 선천성 질환일 가능성도 있습니다.

## check3

**생식기를 핥는다.**

때때로 수컷이 생식기를 보호하는 분비액을 핥기 위해 생식기를 핥는 경우가 있습니다. 출혈이 있을 때는 방광염이나 요도염일 가능성이 있습니다.

## check4

**침이 멎지 않는다.**

침이 계속 나오며 멎지 않는 원인은 여러 가지입니다. 약물이나 금속 등에 중독되었거나 강한 통증을 느끼고 있는 경우, 구내염이나 치주병, 혹은 극도의 긴장과 공포로 인해 멎지 않는 경우 등이 있습니다.

# 울음소리

## 울음소리의 법칙

울음소리가 저음일수록 경계를 하거나 위협하고 있다는 신호입니다. 반대로 울음소리가 고음일수록 불안이나 공포를 나타냅니다. 짖는 소리의 속도는 흥분 정도에 비례합니다.

고

목소리의 높이

저

**공포**
'무서워', '불안해'라고 느낄수록 울음소리가 높아집니다. 아픔을 느낄 때는 "깽, 깽"거리면서 높은 소리로 우는 경우도 있습니다.

속도 ——— 빠름 →

**화남**
낮은 소리는 화가 났거나 경계를 할 때의 신호입니다. 상대방에게 경고를 나타낼 때는 낮은 소리로 으르렁댑니다.

**흥분**
짖을 때의 속도를 통해 개의 흥분 정도를 알 수 있습니다. 속도가 빨라질수록 흥분한 것입니다.

## 울음소리와 그 의미

| | | |
|---|---|---|
| 멍!<br>멍멍! | 한두 번 큰 소리로 짖는다. | 짧고 안정된 느낌으로 짖는 것은 친한 상대에게 '안녕'이라는 인사를 표시하기 위해서입니다. 산책이나 식사, 놀이를 재촉하는 경우도 있습니다. |
| 멍멍멍! | 몇 번이나 계속해서 짖는다. | 경고의 신호입니다. '누군가가 내 구역에 침입했어', '상태가 이상해'라고 생각하며 상대방을 경계하는 것입니다. |
| 워엉,<br>워엉 | 높은 울음이 섞인 소리로 멀리 퍼지도록 짖는다. | '깽, 깽, 워엉' 같은 느낌으로, 끝이 늘어지는 소리입니다. 가족과 떨어져서 쓸쓸함과 불안함을 느끼는 상태이며 주인을 찾는 소리입니다. |
| 으르르,<br>으르렁 | 가슴에서 끓어오르는 듯한 낮은 신음 소리 | '저리로 가!'라고 상대방을 위협하며 쫓아낼 때 내는 소리입니다. 약간 입을 벌리고 코에 주름을 지으면서 웁니다. |
| 깽 | 짧게 한 번만 운다. | 아픔을 느꼈을 때 공포나 통증을 호소하는 신호입니다. 상처를 입었을 때나 치료를 할 때 '아파', '무서워'라고 호소하는 것입니다. |
| 요~우<br>오~우 | 요들송 느낌의 울음소리 | '기뻐', '재미있는 일이 생길 것 같아'라고 생각할 때 내는 소리이며 기쁨이나 흥분을 의미하는 소리입니다. 개에 따라서는 하품이 섞인 울음소리로 나타내는 경우도 있습니다. |

# 1

# 개에 대한 상식

개와 사이가 좋아지기 위해서는 개에 대해 아는 것이 중요합니다.

이번 장에서는 개의 본능 및 습성, 몸의 구조에 대해 소개합니다.

# 왜 전봇대에 오줌을 누는 걸까?

**개는 오줌의 냄새와 높이로 자신의 존재감을 어필합니다.**

누구나 한 번쯤은 개가 전봇대에 오줌을 누는 모습을 본 적이 있지 않나요? 개가 전봇대에 오줌을 누는 일은 배뇨와는 다른 큰 의미가 있습니다. 바로 다른 개가 지나다니는 장소에 오줌 냄새를 남겨 자신의 존재감을 어필하는 것이지요. 이는 마킹 행동이라 불리며 수컷과 암컷 모두 하기는 하지만, 특히 수컷 성견이 자기 자신의 정보를 다른 개의 오줌 위에 남겨서 '나도 여기를 지나갔어'라고 주장하기 위해 많이 합니다. 알고 있는 곳이든 모르는 곳이든 어디든지 자신의 냄새를 남기면서 안심하는 것입니다.

**다른 개가 알아채기 쉬운 장소에 마킹합니다.**

마킹은 자신의 존재감을 어필하는 것이 목적이기 때문에 다른 개가 알아채기 어려운 장소에 하는 것은 의미가 없습니다. 보통은 전봇대나 가로등, 가로수 등 많은 개들이 오줌을 눌 것 같으면서 냄새를 알아채기도 쉽고 개의 코와 비슷한 높이에 있는 장소가 인기 있는 마킹 지점입니다. 주택의 문기둥이나 담장 모퉁이 같은 곳도 개의 입장에서는 딱 좋은 마킹 지점이지만, 사람에게는 그 오줌 냄새가 불쾌할 것입니다. 그러니 민가는 물론이고 사람이 많은 장소에서는 마킹을 하지 못하게 합시다.

## 다른 개가 알아채기 쉬운 장소에 표시와 냄새를 남기는 거야.

A

### 오줌 냄새는 개의 사회에서는 명함 같은 것

오줌 냄새에는 그 개의 성격이나 발정 상태 등의 정보가 가득 담겨 있습니다. 다른 개가 마킹한 곳 위에 오줌을 누어도 냄새는 모두 남습니다.

주택가같이 사람이 많은 장소에서는 물을 붓는 등의 방법으로 뒤처리를 합니다.

19

# Q2

# 왜 차나 자전거에
# 뛰어들려고 하는 걸까?

**먹이를 쫓는 사냥 본능 때문입니다.**

개의 선조로 알려진 늑대는 달리면서 먹이를 몰았고, 그렇게 잡은 먹이를 먹으며 생활했습니다. 그 습성이 지금까지 남아 있어 산책 중인 개가 갑자기 자동차나 자전거, 오토바이를 향해 짖거나 뛰어들려고 하는 것입니다. 사람과 함께 생활한 뒤로 먹이를 쫓을 필요는 없어졌지만, 재빠르게 움직이는 것을 보면 본능적으로 쫓아갈 때가 있습니다. 심지어는 아이와 노는 도중에 흥분해서 자동차나 자전거를 쫓아갈 때와 마찬가지로 아이를 뒤쫓아 가는 경우도 있습니다.

**산책 중에는 리드줄을 놓지 않도록 주의합시다.**

평소에는 얌전한 개도 무엇인가에 강한 흥미가 생겼을 때나 놀랐을 때는 갑자기 달려 나가는 경우가 있습니다. 특히 사람들이 많이 지나다니는 거리나 자동차가 많은 장소를 지나갈 때는 개가 갑자기 뛰쳐나가지 않도록 리드줄을 꽉 잡읍시다.

자동차나 자전거 등을 발견하면, 반려견에게 말을 걸고 내 쪽을 보게 해서 뛰어드는 것을 막읍시다. 처음에는 보상을 주며 연습하는 것도 좋습니다.

힘이 센 대형견일 경우에는 갑자기 끌려가지 않도록 하네스, 당김을 방지할 만한 용품 및 미끄럼 방지 기능이 있는 장갑 등을 이용하면 좋습니다.

## A 움직이는 것을 보면 쫓아가고 싶어져.

재빠르게 움직이는 것을 따라가는 것은 야성의 흔적

• 늑대 시절 •

• 현재 •

## Q3

# 멀리 퍼지도록 짖을 때, 개는 어떤 기분일까?

**멀리 퍼지도록 짖는 것은 동료와의 커뮤니케이션 때문입니다.**

개의 선조라고 할 수 있는 늑대는 멀리 퍼지도록 짖는 행동을 종종 했습니다. 이는 무리 생활을 했던 늑대가 넓은 산과 들에서 멀리 있는 동료를 향해 '나 여기 있어!'라고 알리거나 어필하기 위한 것이었습니다. 특히 산속에서는 여럿이서 함께 짖었는데, 그 습성이 오늘날까지 남아 이웃집 개가 짖으면 그 울음소리를 따라서 짖는 것입니다. 아파트 단지 내에서 한 마리가 짖으면 다른 개들이 덩달아 짖는 모습을 볼 수 있는데, 이런 습성 때문입니다. 만약 다른 개에게 반응하는 것도 아닌데 짖는다면 멀리서 들리는 소리와 같은 어떤 자극에 반응해서 짖는 것일 수도 있습니다.

### 단체로 짖어 대는 것은 야성의 흔적이 남은 것

'나 여기 있어!'라고
동료들에게 알리고 싶은 거야.

**외로워서 우는 개도 있습니다.**

개는 원래 무리를 만들어 생활했기에 혼자
있는 것을 싫어합니다. 때문에 가족에게서 떨
어져 마당에 있게 되거나 주인이 자주 자리를
비우면, 새끼가 어미 개를 부르듯이 끙끙거리
며 울면서 주인을 부르는 경우가 있습니다.
개를 마당에 묶어 두면 밤중에 멀리 퍼지도록
짖는 행동 역시, 밤에는 조용하고 별다른 자
극이 없기 때문에 외로워서 동료들에게 메시
지를 보내는 것일 확률이 높습니다.

외로워서 우는 것이라면, 주인의 냄새가
밴 쿠션이나 옷을 곁에 둡시다.

**1**

개
에
대
한
상
식

---

**Tip** **외박 시 문제가 없는 개로 만들기 위해서는 강아지 때의 훈련이 중요
합니다.**

가족 전체가 여행을 갈 때나 유사시에 펫 호텔 등에 맡길 수 있도록 강아지 시절부터
외박 연습을 합시다. 변기, 크레이트, 식기, 식사, 장난감 등을 준비한 뒤에 지인의 집에
하룻밤 재우거나 하면서 도움을 받으면 좋습니다.

## Q4

# 쓰다듬어 주는 건데 왜 무는 걸까?

**개에게는 배나 꼬리 등 민감한 부분이 있습니다.**

방금 전까지는 기분이 좋아 보였는데, 갑자기 콱! 하고 무는 경우가 종종 있죠. 개에게도 사람의 겨드랑이나 발바닥처럼 민감한 부분이 있습니다. 특히 만지지 않았으면 하는 부분을 갑자기 만지면 으르렁대거나 물어서 '만지지 마!'라는 신호를 보내는 경우가 있습니다. 만지면 싫어하는 부분은 꼬리나 앞발의 끝 등 몸의 끝부분이나 입 주변, 배 등으로 조금씩 만지는 것에 익숙해지도록 만듭시다.

**몸을 만지면서 스킨십이 됩니다.**

개는 신뢰하는 주인이나 좋아하는 사람이 다정하게 몸을 만져 주는 것을 좋아합니다. 몸이 닿음으로써 사람과 개는 편안해지는데, 이때 효과적인 스킨십이 됩니다. 처음에는 얌전하게 있을 때 보상을 주면서 몸을 만지다가, 조금씩 만지는 횟수와 시간을 늘려 갑시다. 온몸 어느 부분을 만져도 얌전하게 있을 수 있는 개로 교육시켜 놓으면 상처나 났거나 병에 걸렸을 때도 안심하고 몸을 만질 수가 있습니다.

 **Tip** **쓰다듬고 있는 사람도 정신적으로 안정됩니다.**

개의 부드러운 털을 쓰다듬고 있으면 마음이 안정됩니다. 이런 심리는 동물학자들의 연구에서도 증명되었습니다. 개를 다정하게 쓰다듬고 있을 때 사람은 정신적으로 안정된 상태가 되며, 심박수가 안정되고 혈압의 저하가 일어난다는 사실이 증명되었습니다.

**A** '거기는 안 만졌으면 좋겠어'라고 말하는 거야.

다정하게 마사지하듯이 터치합니다.

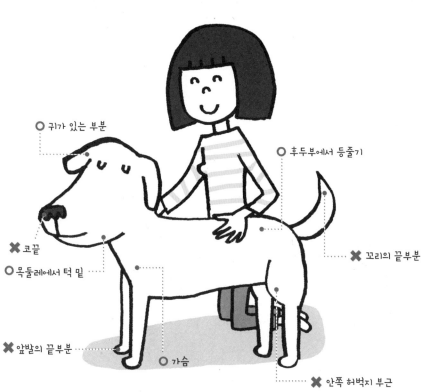

- ○ 귀가 있는 부분
- ○ 후두부에서 등줄기
- ✖ 코끝
- ✖ 꼬리의 끝부분
- ○ 목둘레에서 턱 밑
- ✖ 앞발의 끝부분
- ○ 가슴
- ✖ 안쪽 허벅지 부근

## Q5

# 개도 꿈을 꿀까?

**렘수면 시에는 개도 꿈을 꿀까?**

개는 하루에 12~15시간을 잡니다. 일반적으로는 사람과 비슷하게 낮에는 일어나 있고 밤 동안에는 잠을 자는 사이클을 반복하지만, 주인이 자리를 비웠을 경우에는 낮에 잠을 자는 개도 있습니다.

개의 수면 시간 중 80%는 논렘수면으로, 몸은 긴장을 유지하고 있지만 뇌가 쉬고 있는 상태입니다. 때문에 소리 같은 자극에 바로 눈을 뜹니다. 남은 20%가 렘수면으로, 이는 어지간해서는 일어나지 않는 깊은 수면 상태입니다. 이때는 몸은 자고 있지만 뇌의 일부는 활동하고 있기 때문에 개도 꿈을 꾼다고 알려져 있습니다.

**어떤 꿈을 꾸는지는 개밖에 모릅니다.**

26

# A

## 깊은 잠을 잘 때 꿈을 꾸는 경우가 있어.

**수면 중에 깨우거나 큰 소리를 낸다.**

수면 시간은 뇌가 기억을 정리하고 성장 호르몬이 분비되는 시간이므로, 개의 건강에 아주 중요한 시간입니다. 그러니 억지로 깨우지 맙시다.

자고 있는 옆에서 큰 소리를 내면 개는 경계하기 때문에 충분히 쉴 수가 없습니다. 잠자리는 조용한 곳에 마련해 줍시다.

**Tip** **하우스는 "엎드려" 자세를 할 수 있을 정도의 넓이가 가장 좋습니다.**

개는 몸을 벽에 붙이고 있어야 더 편안히 쉴 수 있습니다. 소굴처럼 어두컴컴하며 방향 전환이 가능할 정도의 공간만 있다면 좋습니다. 여름철에는 하우스 바닥에 냉각 매트 같은 것을 깔거나 해서 쾌적하게 지낼 수 있는 환경을 마련해 줍시다.

1

개에 대한 상식

## Q6

# 개는 왜 그렇게
# 산책을 좋아하는 걸까?

**사랑하는 주인과 함께 나가는 산책은 즐거운 시간**

'산책을 나간다는 걸 알면 엄청 기뻐해요. 개는 왜 산책을 좋아하는 걸까요?' 라는 생각, 해 본 적 없나요? 대부분의 개에게 산책은 큰 즐거움입니다. 운동을 충분히 할 수 있음은 물론이며, 무엇보다도 사랑하는 주인과 함께 나갈 수 있다는 점이 너무너무 기쁜 것이죠. 또한 주인에게 있어서도 산책 시간은 개에게 말을 걸며 함께 걷거나, 공원 같은 곳에서 함께 놀면서 유대감과 신뢰 관계를 깊게 쌓을 수 있는 소중한 시간이니 산책을 자주 합시다.

**산책은 하루 일과 중 가장 큰 즐거움**

28

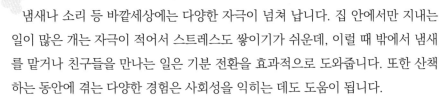

**A 공원에서 놀거나 동료 개들과 만나기도 하지. 산책은 즐거운 일로 가득해!**

**산책의 효과에는 운동 외에도 여러 가지가 있습니다.**

냄새나 소리 등 바깥세상에는 다양한 자극이 넘쳐 납니다. 집 안에서만 지내는 일이 많은 개는 자극이 적어서 스트레스도 쌓이기가 쉬운데, 이럴 때 밖에서 냄새를 맡거나 친구들을 만나는 일은 기분 전환을 효과적으로 도와줍니다. 또한 산책하는 동안에 겪는 다양한 경험은 사회성을 익히는 데도 도움이 됩니다.

**산책 시간은 개에 따라 다릅니다.**

산책하는 시간은 개의 체격이나 견종에 따라 달라집니다. 대체로 대형견은 아침저녁으로 각각 1시간 정도, 중형견은 아침저녁으로 각각 30~40분 정도, 소형견은 아침저녁으로 각각 15~30분 정도가 필요합니다.

또한 적당한 산책 시간은 양치기 개나 사냥개 같은 본래의 타입에 따라서도 다르기 때문에 견종의 특성을 잘 이해해야 합니다. 산책에서 돌아온 뒤에 꾸벅꾸벅 졸 정도의 적당한 피로감을 줄 만큼 산책하는 것이 딱 좋습니다.

**Tip 외출 시에는 목줄 및 리드줄을 반드시 착용해야 합니다.**

종종 공원 같은 곳에서 개를 풀어놓고 있는 주인들을 볼 수 있는데, 대한민국 법률에서는 반려견을 동반하여 외출할 시에는 목줄과 리드줄 등의 안전조치를 의무적으로 하도록 규정하고 있습니다. 주위에 민폐를 끼치지 않기 위해, 또한 반려견의 몸을 지키기 위해서라도 외출할 때는 목줄과 리드줄을 착용합시다.

1 개에 대한 상식

## Q7

# 냄새를 킁킁 맡으면서
# 돌아다니는 건
# 안 좋은 냄새가 나서일까?

**주위를 탐색하는 자연스러운 행동입니다.**

개는 낯선 장소나 사람에 대해서는 물론, 늘 가는 산책 코스에서도 코를 열심히 킁킁거리며 냄새를 맡습니다. 이는 사람으로 치면 신문이나 TV 뉴스를 보면서 그날의 소식을 체크하는 정보 수집 활동에 해당합니다. 개는 자신의 냄새가 묻은 구역을 확인함과 동시에 누가 언제 여기를 지나갔는지를 알아냅니다. 오줌이나 땀에 포함된 지방산에 대한 후각이 예민해서, 오줌 냄새를 맡는 것만으로도 어떤 개가 언제쯤 왔는지, 또 그 개의 몸 상태나 발정 상태까지 알 수 있습니다.

**냄새를 맡아도 되는 장소와 안 되는 장소를 가르칩시다.**

냄새 맡기를 하면 덩달아 마킹 행동이 나오기가 쉬워지기 때문에, 산책 코스 안에 있는 장소 중 냄새 맡기를 해도 되는 장소와 안 되는 장소를 구분해서 가르칩시다. 옆 집 현관 등 마킹을 하면 안 되는 장소는 냄새 맡기도 금지시키고 서둘러 지나가도록 합시다.

 **Tip** **촉촉한 코는 냄새를 맡아 내는 뛰어난 기능을 가지고 있습니다.**

건강한 개의 코는 촉촉하게 젖어 있습니다. 이는 냄새를 쉽게 맡기 위함입니다. 냄새 분자는 공기가 젖어 있을 때 더 맡기 쉽습니다. 또한 젖어 있기 때문에 바람의 방향과 냄새의 근원이 어느 쪽에 있는지도 알 수 있습니다.

**A 냄새를 맡아서 정보를 모으는 거야.**

**뛰어난 후각으로 여러 정보를 알아냅니다.**

## Q8

# 더운 날에 혀를 내밀고 헥헥거리며 힘들어하는 건 지쳐서일까?

**숨을 헐떡이면서 체온을 내립니다.**

　사람은 더울 때 온몸에서 땀을 흘려서 체온을 내리지만, 개가 땀을 낼 수 있는 곳은 발바닥 정도입니다. 그러나 발바닥의 땀만으로는 체온을 내릴 수 없습니다. 그래서 개는 혀를 내밀고 헐떡이면서 혀에서 수분을 증발시켜 체온을 내립니다. 더운 날에는 이렇게 체온을 내리는 것과 더불어 수분 보충도 잘해 줘야 하는데 특히 강아지나 노견, 비만인 개는 열사병에 걸리기 쉽기 때문에 수분 보충을 틈틈이 해 줍시다. 개의 몸은 도로에 가까운 만큼 복사열도 더욱 많이 받기 때문에 한여름의 낮에는 산책을 피합시다. 한편 흥분 및 긴장을 하거나 불안해졌을 때도 똑같이 헥헥거리는 경우가 있습니다.

**병일 가능성도 있습니다.**

　편안한 상황인데도 계속해서 헥헥거리며 괴로워하는 경우에는 병일 가능성도 있습니다. 열이 나서 체온을 내리려는 것일 수도 있으나 호흡기나 순환기계의 질병일 가능성도 있으므로 상태를 유심히 살펴봐서 병원에 데려갑시다.

# 혀로 체온 조절을 하는 거야.

## 더운 날에 산책을 할 때는 주의할 점이 여러 가지

대낮에 산책하는 건 좋지 않다고!

항상 물을 마실 수 있도록 해 줘!

**Tip** **몸을 계속 핥는 것은 스트레스 신호**

개가 자신의 몸을 핥는 때는 주로 몸단장을 하거나 상처를 입었을 때입니다. 그러나 불안이나 스트레스로 인해 자신의 몸을 계속 핥는 경우도 있습니다. 이럴 때는 스트레스의 원인을 제거함과 더불어 전문가에게 상담을 받는 것이 좋습니다.

## Q9

# 매일 같은 맛의 밥만 먹으면 질리지 않을까?

**음식의 호불호는 맛이 아니라 냄새로 결정합니다.**

개는 사람만큼 다양한 미각을 가지고 있지는 않습니다. 혀에 있는 맛을 느끼는 기관인 미뢰의 수는 사람의 1/5밖에 되지 않습니다. 동물에게는 맛보다도 음식이 신선한지, 썩지 않았는지 등을 판단하는 것이 더 중요합니다. 일단 '달다', '시다', '짜다'와 같은 미각이 있기는 하지만, 맛이 똑같은 개 전용 식품을 매일 먹는다고 해서 질리는 경우는 거의 없습니다.

사실 개에게는 맛보다도 냄새가 더 중요합니다. 수분 함유가 된 식품(웻 푸드)을 건조 식품(드라이 푸드)보다 더 선호하는데 이는 수분 함유가 된 식품이 냄새가 더 강하기 때문입니다. 건조 식품 중에서도 개봉 직후의 것이 냄새가 더 강하기 때문에 개봉 직후의 건조 식품을 더욱 선호합니다.

### 냄새가 강한 음식에 끌립니다.

# 맛보다는 냄새가 더 중요해. 싱거워도 맛있어!

## 먹지 않을 때는 음식의 종류를 바꿉시다.

건강하고 운동을 많이 하는 개라면 음식의 종류를 바꿀 필요는 없습니다. 그러나 더위 등으로 인해 식욕이 떨어져서 조금이라도 무엇인가를 먹이고 싶을 때는, 평소에 먹던 것에 다른 것을 첨가해서 냄새에 차이를 주어 식욕을 자극해 보는 것도 좋습니다. 다만, '안 먹고 참고 있으면 더 좋은 걸 줄 거야'라는 생각이 들지 않게끔 주의합시다. 고급 음식으로 바꾸는 것이 아니라 냄새가 다른 음식으로 흥미를 끄는 것이 포인트입니다.

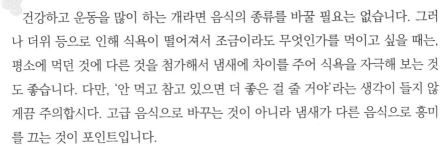

건조 식품에 가까울수록
냄새가 적게 나기 때문에
매력이 떨어집니다.

**Tip** 간식은 하루 식사량의 10% 정도의 양이 제일 적당합니다.

반려견의 건강을 위협하는 비만! 이를 방지하기 위해서는 충분한 운동과 더불어 식사 때의 배식량에도 주의가 필요합니다. 교육을 하면서 간식을 줄 때는 식사량의 10% 정도의 양으로 잡고, 그만큼 식사량을 줄여서 하루에 섭취하는 칼로리 양이 늘어나지 않도록 조절합시다.

## Q10

# 밥을 씹지도 않고 단숨에 꿀꺽! 배탈이 나지는 않을까?

**음식을 거의 씹지 않고 위에서 소화시킵니다.**

　사람은 음식을 입 안에서 소화하기 쉬운 크기로 잘게 씹고 침과 섞어서 1차 소화를 마친 뒤에 위로 보내지만, 개는 거의 씹지 않고 삼킵니다.

　사실 개의 이빨에는 사람의 이처럼 음식을 잘게 으깨는 기능이 없습니다. 음식을 삼킬 수 있을 만한 크기로 만드는 정도의 역할만 가지고 있습니다. 때문에 삼킬 수 있는 크기의 음식은 그대로 삼켜 버립니다.

**삼킬 수 있을 만한 크기로 물어뜯습니다.**

# 삼킬 수 있는 크기의 음식은 안 씹고 통째로 삼켜.

## 먹을 때 외에도 유용한 개의 이빨

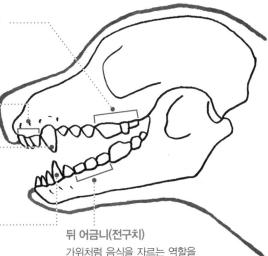

**뒤 어금니(후구치)**
먹이를 꽉 물거나, 음식을 씹기 위한 이빨입니다.

**앞니(절치)**
음식을 물어뜯거나 씹고 찢기 위한 이빨입니다. 몸단장에도 사용합니다.

**송곳니(견치)**
특히 발달되어 있는 이빨입니다. 먹이를 잡은 뒤 치명상을 입히기 위해 사용하는 이빨입니다.

**뒤 어금니(전구치)**
가위처럼 음식을 자르는 역할을 합니다.

**Tip** **개의 침은 충치를 방지하는 데 안성맞춤**

개의 침에는 소화 효소 외에도 살균 작용을 가진 물질들이 포함되어 있습니다. 개는 사람보다 기본적인 침의 양이 많고 입 안의 pH가 알칼리성이기 때문에, 충치균이 증식하기 어렵습니다. 그렇기 때문에 개는 사람보다 충치에 잘 걸리지 않습니다.

# Q11

# 교육을 할 때 스트레스를 받지는 않을까 걱정이야!

**때로는 보상까지 받을 수 있는 즐거운 시간입니다.**

'교육은 개에게 힘든 시간일 거다', '교육은 개에게 스트레스만 줄 거다'라고 걱정하는 사람들이 있는데, 개가 그렇게 느낄 때는 교육 방법에 문제가 있을 때입니다. 못하는 것을 혼내는 방식이 아니라, 잘하는 것을 칭찬하는 방식으로 교육한다면 스트레스를 받을 일은 없을 것입니다. 이와 같은 교육 시간은 개에게는 오히려 사랑하는 주인과 함께 있을 수 있고 또 주인이 말을 걸어 주는 즐거운 시간입니다. 때로는 맛있는 간식까지 받을 수 있으니 더할 나위 없지요.

## 🐾 좋은 교육 방법 🐾

장난을 칠 것 같을 때는 "안 돼!"라고 말하면서 행동을 중단시키고, 잘했을 때는 칭찬해 줍니다.

**A** 칭찬을 해 준다면
무척 즐거운 시간일 거야!

## 교육을 통해 신뢰 관계가 깊어집니다.

교육은 모두와 사이좋게 지내고 주변에 민폐를 끼치지 않기 위해서, 그리고 사람 사회에서 개가 행복하게 살아가기 위해 필요한 기본적인 규칙을 가르치는 일입니다. 결코 '앉아'나 '손' 같은 재주만을 부리게 하는 것이 목적이 되어서는 안 됩니다. 또한 교육은 개와 주인이 커뮤니케이션을 나누고 신뢰 관계를 구축하기 위한 소중한 시간입니다. 교육을 하면서 서로 몸을 닿고 스킨십을 나누며 보다 친밀한 관계를 쌓을 수 있습니다.

### 나쁜 교육 방법

실수할 때마다 버럭버럭 혼을 내도 개는 이해하지 못합니다. 오히려 조바심만 점점 심해집니다.

# Q12

# 개라면 모두 헤엄을 잘 칠까?

**견종에 따라 다르며 개체차도 있습니다.**

　개라면 모두 헤엄을 잘 칠 것이라는 생각이 들기 마련이지만, 모든 개가 헤엄의 명수는 아닙니다. 물놀이나 수영하는 것을 좋아해서 가르치지 않아도 잘하는 개도 있지만, 개는 기본적으로 물에 젖는 것을 그다지 좋아하지 않습니다. 다만 처음에는 물을 보며 흠칫흠칫하다가, 주인과 함께 노는 사이에 점차 물에 익숙해지고, 그러면서 수영을 마스터하게 되는 것이지요.

　또한 견종에 따라서도 헤엄을 잘 치고 못 치는 종이 있습니다. 물새를 물가에서 회수해 오는 일을 하던 뉴펀들랜드나 래브라도 리트리버 등은 헤엄을 잘 칩니다. 반대로 다리가 짧은 프렌치 불도그나 닥스훈트는 물속에서 균형을 잡는 것에 능숙하지 않기 때문에 헤엄을 잘 못 칩니다.

**어떤 개라도 처음에는 연습이 필요합니다.**

　아무리 헤엄을 잘 치는 견종이라도 처음에는 연습이 필요합니다. 얕은 곳에서의 물놀이에 적응을 시켜서 잘 놀 수 있게 되면, 그 다음에는 별로 깊지 않은 곳에서 함께 수영을 해 봅시다. 소형견일 경우에는 주인이 몸통을 지탱해서 수면에 떠오르는 것부터 적응시킵니다. 헤엄치게 하고 싶다는 생각이 들더라도 무서워하는 개를 억지로 물속에 집어넣는 방식은 잘못된 방식입니다. 물놀이나 목욕을 싫어하게 될 수도 있기 때문에, 억지로 시키는 것은 절대로 하지 맙시다.

## 헤엄에 서툰 개도 있어.

또한 헤엄칠 수 있게 되었다고 해서 바다에서 자유롭게 헤엄치게 하는 행동은 정말 위험합니다. 개는 사람처럼 "50M만 수영하고 나서 쉬어야지" 하는 식의 힘의 배분이 불가능합니다. 바다 멀리까지 헤엄쳤다가 돌아오지 못한 경우도 있으므로 충분한 주의가 필요합니다.

### • 헤엄을 잘 치는 견종 •

골든 리트리버,
래브라도 리트리버
등

### • 헤엄이 서툰 견종 •

프렌치 불도그,
닥스훈트 등

 **Tip** **골든 리트리버의 털은 보온성이 뛰어납니다.**

헤엄을 잘 치는 리트리버는 직모에 부드러운 잔털이 빽빽이 나 있습니다. 이는 차가운 물속에서도 체온을 잘 지키기 위함입니다. 물속에서의 일을 잘 수행하기 위해 물에 강하게 개량되었습니다.

## Q13

# 늘 현관에 마중 나와 있던데, 어떻게 아는 걸까?

**개는 인간의 6배나 되는 청력을 가지고 있습니다.**

야생에서 활동하던 시절, 먹이가 내는 작은 소리도 놓치지 않고 알아차려서 사냥을 했기 때문에 개의 청각은 굉장히 뛰어납니다. 개의 청력은 인간의 약 6배이며 들을 수 있는 범위도 인간의 약 4배라고 알려져 있습니다. 사람에게는 들리지 않는 희미한 소리를 감지하고, 그 소리가 나는 방향도 구분할 수 있어서 '이 발소리가 난 뒤에는 주인님이 돌아온다'라고 기억합니다. 그래서 사랑하는 주인의 발소리와 다른 사람의 발소리를 구분해서 마중을 나갈 수 있는 것이지요. 또한 최근의 연구를 통해 개는 사람이 내는 미약한 전자파도 감지한다는 사실이 밝혀졌습니다. 걸을 때 내는 미약한 전자파는 사람에 따라 파형이 다르기 때문에, 그 차이도 감지해서 '주인님이다!'라고 판단하는 것일 수도 있습니다.

**고주파 음에도 반응합니다.**

인간이 들을 수 있는 주파수의 범위는 20~2만 Hz 정도이지만, 개는 40~4만 7천Hz 정도의 주파수를 들을 수 있습니다. 사람에게는 들리지 않는 고주파의 음도 개에게는 정확히 들리며, 이는 소형견이든 대형견이든, 귀가 서 있든 처져 있든, 또 어떤 견종이든지 간에 거의 다르지 않습니다. 이러한 개의 특성을 이용해서 고주파 음으로 개를 불러들이는 것이 바로 개피리입니다. 개는 사람에게는 들리지 않는 호각의 소리를 민감하게 알아차립니다.

**작은 소리를
구분할 수 있기 때문이지.**

어느 방향에서 소리가 나고 있는지 알 수 있습니다.

## Q14

# 자신의 꼬리를 쫓는 것엔 무슨 의미가 있을까?

**흥분이나 강한 스트레스가 원인일 가능성이 있습니다.**

개는 때때로 자신의 꼬리를 쫓거나 같은 장소를 빙글빙글 도는 경우가 있습니다. 이것은 흥분했을 때나 스트레스를 받았을 때 나오는 행동이라고 알려져 있습니다.

개의 생활 방식을 인간의 생활 방식에 억지로 맞추려고 하면, 몸과 마음에도 스트레스가 쌓이기 쉬운 법이지요. 이때 주인이 애정을 쏟아 주고 운동을 충분히 시킨다면 스트레스의 대부분은 해소될 수 있습니다. 그러나 스트레스 해소를 위한 행동이 버릇이 되어서, 스트레스의 원인이 사라진 뒤에도 그 행동을 하지 않으면 불안해하는 개도 있습니다.

**건강상에 문제가 있는 경우도 있습니다.**

개의 스트레스에는 '운동이 부족해', '주변이 시끄러워서 조용히 쉴 수가 없어' 같은 생활 환경이 원인인 경우도 있지만, 병이나 상처로 몸 상태가 안 좋아진 것이 스트레스가 되는 경우도 있습니다. 스트레스가 계속 쌓이면 면역 기능이 떨어져 병에 걸리기도 쉬워지기 때문에, 이러한 행동을 지속한다면 수의사와 상담해 봅시다.

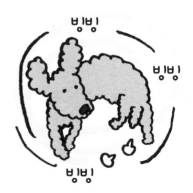

빙빙
빙빙
빙빙

## 흥분하거나 심심할 때 해.

///// 스트레스를 받을 때 하는 행동 /////

구멍을 판다.
판 구멍에 뭔가를 숨기거나 흙냄새를 맡으며 만족해하지 않고 집요하게 계속 파면 초조한다는 증거입니다. 초조함으로 인해 함께 받는 스트레스를 발산하기 위해 파는 것입니다.

몸의 일부분을 핥는다.
불안함을 느끼거나 긴장했을 때, 몸의 일부(주로 앞다리)를 핥는 경우가 있습니다. 만성적인 스트레스가 되면 늘 불안에 휩싸여서 계속 핥게 되고, 결국에는 피부염에 걸리는 경우도 있습니다.

## Q15

# 땅바닥에 몸을 비비는 건 가려워서일까?

**자신의 냄새가 사라지는 것이 싫기 때문입니다.**

벌러덩 뒤집어져서 땅바닥에 몸을 비비는 의문의 행동. 이것은 자신의 몸에 배어 자신의 원래 냄새를 없앤 샴푸 냄새를 없애거나 흙 같은 것을 몸에 발라서 새로 묻은 냄새로 다른 냄새를 덮어 위장하기 위한 행동이라고 알려져 있습니다.

개에게 체취는 매우 중요한 정보원입니다. 자기 어필을 하기 위해 필요한 자신의 냄새가 엷어지는 것은 곤란한 일이지요. 한편 몸을 비벼 대는 행동을 좀처럼 멈추려 하지 않을 경우에는 진드기나 벼룩이 기생하고 있을 가능성도 있습니다. 걱정이 된다면 동물병원에서 진료를 받아 봅시다.

**털 손질은 적당히 합시다.**

개의 몸을 지키는 털을 청결하게 관리하는 것도 중요하지만, 사람이 매일 목욕을 하는 것처럼 자주 목욕을 할 필요는 없습니다. 청결에 집착해서 지나치게 자주 씻기게 되면, 자연스럽게 분비되는 피지가 줄어들고 피부의 방어 기능이 떨어져서 피부병이 생기는 경우도 있습니다.

털의 길이나 생활 방식에 따라 달라지겠지만, 목욕은 한 달에 한 번 정도를 기준으로 놓고 합시다. 또한 목욕 전에는 반드시 빗질을 해서 먼지나 비듬을 제거합시다.

# 몸에 밴 냄새를 없애려고 하는 거야.

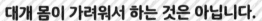

대개 몸이 가려워서 하는 것은 아닙니다.

야!!
방금 막 목욕했는데!

야호~

데굴    데굴

**Tip** **밤샘은 털갈이 시기의 사이클을 흩트립니다.**

개는 일조 시간의 길이로 계절의 변화를 감지하는데 이에 따라 털갈이 시기가 찾아옵니다. 그러나 밤늦게까지 전등불을 쬐고 있는 개는 계절의 변화를 파악하지 못해서 털갈이의 사이클도 흐트러지기가 십상입니다. 규칙적인 생활을 통해 개의 리듬이 무너지지 않도록 해 줍시다.

## Q16

# 미아가 되어도 집으로
# 돌아올 수 있다는 게 사실일까?

### 현대의 개는 귀소본능이 없을 것입니다.

영화나 TV를 보다 보면 낯선 땅에서 일행과 떨어진 개가 몇 km나 떨어진 집으로 돌아오는 에피소드가 나올 때가 있습니다. 원래 있던 장소에 돌아가려는 것을 '귀소본능'이라고 하는데, 개에게 이 귀소본능이 갖추어져 있는지는 여전히 수수께끼입니다. 하지만 미아가 되어 버린 개는 설령 집 근처라 하더라도 돌아오지 못하는 경우가 많은 것으로 보아, 실내에 사는 현대의 개에게는 귀소본능이 갖추어져 있지 않다고 봐야 할 듯합니다.

### 미아 방지 명찰을 달아 둡시다.

외출한 곳에서 주인과 떨어졌을 때를 대비해, 평소 목줄에 미아 방지 명찰을 달아 둡시다. 명찰에는 반려견의 이름, 견종, 연령과 주인의 연락처를 적어 두는 것을 잊지 맙시다. 개를 놔두고 외출했을 때 어쩌다가 개가 집 밖으로 나가 미아가 되는 경우도 가끔 있으니 자택 전화번호는 물론 휴대전화 번호도 기록해 둡시다.

또한 평소에 이름을 부르면 주인 곁으로 돌아오도록 최소한의 교육도 해 두어야 합니다.

# A 모든 개가
## 돌아올 수 있는 것은 아냐.

**귀소본능이 있는지는 여전히 수수께끼입니다.**

## Q17

# 개들끼리도 선호하는 타입 이라는 게 있을까?

**체격이나 견종만이 아니라 냄새로도 판단?**

개에게도 죽이 맞거나 서로 안 어울리는 타입 등의 궁합 같은 것이 있습니다. 좋은 궁합 여부에는 외모, 성별, 성격 등이 영향을 미칩니다. 겁이 많은 개는 너무 활발한 개와는 잘 놀지 못하기도 하며, 체격차로 인해 소형견과 대형견의 사이가 나쁜 경우도 있습니다. 그러나 항상 그런 것은 아니며 그렇지 않은 경우도 종종 있습니다.

이 외에도 사람들은 알 수 없는, 각각의 개가 가진 냄새의 차이를 통해 '좋고 싫음'을 판단하는 것일 수도 있습니다.

**🐾 궁합이 좋은 개 🐾**

사이가 좋으면 오랜만에 만나도 금방 잘 놀아요.

## A. 외모뿐만이 아니라 냄새나 성격이 맞는 개도 좋아해.

**경험으로 판단하는 경우도 있습니다.**

개는 과거에 경험했던 즐거운 일, 안 좋았던 일을 모두 기억합니다. 만약 과거에 어떤 개와 다투거나 해서 물린 적이 있다면, 이는 무서웠던 경험으로 기억에 계속 남습니다. 그래서 '그 개와 닮았네. 또 물릴지도 몰라'라고 생각하면서 그 개와 닮은 개를 피하는 경우도 있습니다. 한편 대형견과 함께 자란 소형견은 대형견이 친숙하기에 밖에서 만나는 대형견들과도 함께 놀려고 하거나 흥미를 가집니다.

🐾 **궁합이 안 좋은 개** 🐾

흥!

전에 날 물었던 개와 닮았어…. 별로 어울리고 싶지 않아.

## Q18

# 왜 그렇게 공놀이를 좋아하는 걸까?

**먹이를 쫓던 본능이 충족되는 놀이입니다.**

공을 던지면 개는 쏜살같이 달려가 잽싸게 주워 와서 '또 던져 줘!'라고 몇 번이나 재촉하고는 하지요. 이런 행동을 보고 '같은 행동을 계속 반복하면 질리지 않을까?'라고 생각하는 사람도 있을 것입니다. 그러나 개에게 공놀이는 본능적 욕구가 채워지는 신나는 놀이입니다. '공을 쫓아가서 찾아낸 뒤 잡는다'라는 메커니즘이 사냥 본능을 돋우어서 본능적으로 공놀이에 열중하게 되는 것입니다. 게다가 공을 가지고 돌아오면 칭찬도 받을 수 있으니 아무리 반복해도 개에게는 무척이나 즐거운 시간이지요.

날아가는 공이 새처럼 보여!

## A 먹잇감을 잡던 사냥꾼의 피가 요동치는 거야.

### 공놀이를 유난히 잘하는 견종이 있습니다.

리트리버 종은 총을 쏴서 떨어뜨린 새를 회수하던 사냥개입니다. 그래서 래브라도 리트리버나 골든 리트리버는 던진 공을 쫓아가서 가져오는 놀이를 잘 합니다. 한편 같은 사냥개라도 먹잇감의 소굴을 찾아내서 몰아내던 닥스훈트나 테리어 종은 구멍 파기를 더 잘합니다. 다만 잘하고 못하고는 개체차가 있어서, 같은 종이라도 공놀이를 별로 좋아하지 않는 개도 있습니다.

던지면서 노는 장난감으로는 볼이나 봉제인형 등 가볍고 부드러우며 물기 쉬운 것을 사용합시다. 대형견에게는 플라잉 디스크도 좋습니다.

# 치와와는 왜 늘 떨고 있을까?

## '떠는' 이유에는 여러 가지가 있습니다.

치와와가 몸을 떠는 이유로는 몇 가지를 생각해 볼 수 있습니다. 일단 몸이 작은 치와와 입장에서 주변에 있는 모든 것은 자신보다 큰 존재입니다. 그래서 거대한 것에 대해 두려움을 느껴 몸을 떠는 것일 수가 있습니다. 한편 몸이 작아서 체온이 떨어지기 쉬우므로 조금만 추우면 떠는 경우도 있습니다. 저혈당이나 뇌수종 같은 병이 원인으로 작용해 떠는 경우도 있으므로 걱정이 된다면 진찰을 받아 봅시다.

## 대사 기능이 빨라서 떤다는 설도 있습니다.

병도 아니고 두려움을 느끼는 것도 아닌데 몸을 떨 때는 대사 기능과 관련이 있을 수도 있습니다. 몸이 식었을 때, 빠른 속도로 몸을 따뜻하게 하기 위해 대사 기능이 빠르게 작용해서 몸의 떨림이 일어난다는 것입니다. 하지만 위 모든 설은 어디까지나 가설입니다. 다른 소형견들에게는 이 '떨림'이 거의 보이지 않으므로, 어쩌면 치와와만의 유전적인 요인 때문일 수도 있습니다.

 **Tip** ### 치와와는 세상에서 가장 작은 개

치와와의 체중은 고작 1~3kg 정도입니다. 몸의 높이도 20cm 전후로 세상에서 가장 작은 개입니다. 몸이 작고 뼈가 약하기 때문에 자그마한 자극에도 탈구나 골절이 일어날 수 있습니다. 그러니 계단 등 높낮이 차이가 있는 곳을 이동할 때는 주의해서 걷도록 합시다.

A

추워서, 무서워서, 대사가 빨라서 등 이유는 다양해.

추워서 떠는 것일 수도 있습니다.

부들

부들

부들

부들

# 진지하게 TV를 보던데, 뭐가 재미있는지 아는 걸까?

**움직이는 것에 대해 강한 충동을 느낍니다.**

 TV 화면을 집어삼킬 것처럼 바라보는 개를 보며 '마치 사람 같아', 'TV의 내용을 아는 걸까?' 하는 의문이 든 적은 없나요? 개는 옛날에 동물을 사냥하면서 생활했기 때문에 움직이는 것에 대해 민감하게 반응합니다. 게다가 개의 눈에는 움직이지 않는 것보다도 움직이는 것이 더 잘 보입니다. 그래서 TV에서 나오는 움직임을 잘 파악할 수 있는 것입니다.

 개는 TV 프로그램의 내용에 주목하기보다도 큰 화면 속에서 나오는 움직이는 것을 바라보며 눈으로 쫓습니다. 동물이 크게 비춰지면 반응하는 개도 있습니다. 반대로 화면이 작거나 움직임이 적은 장면, 복잡하게 컷이 나누어진 장면에는 그다지 관심을 나타내지 않습니다. 또한 다가가도 냄새가 없거나 움직이는 것이 사라지는 것을 몇 번 경험할수록 점차 흥미를 잃어 갑니다.

## TV는 기분 전환 방법 중 하나

 개에게 움직이는 것을 눈으로 쫓을 수 있는 TV가 개에게 기분 전환을 위한 수단 중 하나가 될 수는 있겠지만, 움직이는 것을 실제로 쫓을 수는 없으므로 운동 욕구를 채울 수는 없습니다. 이 말은 즉, 실제로 넓은 장소에서 공을 쫓는 일을 대신할 수는 없다는 것입니다.

 개는 원래 아웃도어파입니다. 그러니 운동 부족으로 스트레스가 쌓이지 않도록 제 때 운동을 시켜 주는 것이 중요합니다.

> ## A 움직이는 것이 보이면 **나도 모르게** 신경이 쓰여.

**움직이는 것에 흥미를 보입니다.**

## Q21

# 물을 마시고 나면 주변이 온통 물난리야. 좀 깨끗하게 마실 수 없을까?

**개는 혀를 아래로 말아서 물을 마십니다.**

물을 마신 뒤에는 접시 주변이 언제나 물로 흥건해 있지요. 이 원인은 개가 혀를 사용하는 방법에 있습니다. 개는 물을 마실 때, 물속에 혀를 넣고 혀를 아래쪽으로 말아서 물을 퍼마십니다. 이로 인해 물이 주위에 튀길 수밖에 없는데요. 특히 허겁지겁 마실 때는 혀에서 물이 많이 넘쳐서 튀기 때문에, 아무래도 주위가 물 범벅이 되지요. 그러니 식기 밑에 매트를 깔거나 물 튀김이 신경 쓰이지 않는 장소에서 물을 마실 수 있도록 환경을 조성해 줍시다.

**수분은 충분히 제공합시다.**

개의 몸 안에 있는 물은 오줌이나 대변을 통해 몸 밖으로 배출될 뿐만 아니라 헥헥거리며 헐떡댈 때 타액을 증발시키면서도 날아갑니다. 때문에 틈틈이 수분 보충을 해 줘야 합니다. 특히 여름철에는 수분을 충분히 섭취하지 않으면 탈수 증상을 일으킬 수도 있습니다. 개가 언제나 충분히 물을 마실 수 있도록 해 줍시다.

**Tip** **우유는 설사의 원인이 될 수도 있습니다.**

많은 개들이 우유를 좋아하지만, 정말 조금만 마셔도 설사를 일으키는 개도 있습니다. 우유를 마시면 배가 부글거리는 사람이 있는데, 이런 사람들과 마찬가지로 많은 개들도 유당 불내증이 있기 때문입니다. 유당 불내증은 유당을 분해하는 효소가 적기 때문에 일어납니다.

# 혀 밑으로 퍼마시니까 넘치는 거야.

**A**

**고양이가 개보다 물을 더 잘 마십니다.**

혀의 가시에 물을 올린다.

혀 아래쪽을 통해 물을 퍼 올린다.

예의가 없구냥.

첨벙

첨벙

고양이는 혀의 표면에 있는 촘촘한 돌기 하나하나로 물을 퍼마시므로, 개와 달리 튀지 않고 물을 마실 수 있습니다.

# 새끼 시절에
# 만났던 사람을 기억할까?

**즐거웠던 기억이 되살아납니다.**

　개는 7, 8년 만에 만난 사람에게도 꼬리를 흔들며 반갑게 다가갈 때가 있습니다. 새끼 시절에 함께 놀았던 사람을 성견이 되어서도 기억하는 경우가 있기 때문입니다.

　한 번 정도만 만났던 사람은 기억하지 못하지만, 자주 만나서 놀았다면 그 사람을 즐거웠던 경험과 함께 뇌에 입력합니다. 때문에 평소에는 그 기억이 희미하더라도 그 사람을 다시 만나게 되면 새끼 시절의 즐거웠던 기억이 되살아나는 것이지요. 다만 그 사람의 냄새나 장소, 주변 풍경 등과 관련지어서 기억하기 때문에 지내던 장소와 다른 환경에서 만난 경우에는 기억하지 못할 수도 있습니다.

**개의 친구들은 기억하지 못하는 경우가 더 많습니다.**

　새끼 시절에 함께 놀았던 사람은 기억하는데, 그렇다면 개 친구들도 성견이 되어도 기억하냐고요? 정답은 기억하지 못하는 경우가 더 많습니다. 개는 성장함에 따라 암컷과 수컷 모두 성적인 성숙으로 인해 행동이나 냄새가 변합니다. 어쩌다가 기억이 날 가능성도 있지만, 개들끼리의 경우에는 그런 일이 드뭅니다.

> **A** 기억은 희미해져도
> 어떤 계기로 인해
> 생각날 때가 있어.

 즐거웠던 추억을 기억하고 있습니다.

이리와~

또 만났다!
멍♡

# 우리 집 개는 무슨 형?
# 개에게도 혈액형이 있습니다.

개의 혈액형은 사람처럼 적혈구의 표면에 존재하는 항원 타입에 의해 결정됩니다. 대표적인 분류 방법은 DEA(Dog Erythrocyte Antigen) 분류이며, 현재 국제 표준으로 13개의 혈액형으로 분류됩니다.

일반적으로 개의 혈액형 판명 방식은 DEA1.1 항원과의 양성, 음성 여부를 확인하여 판명하는 방식입니다. 사실 개는 특별한 경우가 아닌 이상, 첫 번째 수혈에서는 혈액형 부적합에 따른 부작용이 많이 없습니다. 이는 동종항체를 가지고 있지 않기 때문입니다. 그러나 다른 혈액형의 혈액을 수혈할 경우 수혈이 이루어지면서 개의 체내에 해당 혈액형에 대한 항체가 생기기 때문에, 두 번째 이후의 수혈에서는 부적합에 의한 심한 거부 반응이 일어나는 경우가 많습니다. 그 때문에 모든 개들은 최초로 수혈을 할 때부터 사전에 혈액형 검사나 크로매틱 테스트(수혈자의 혈액과 공급자의 혈액이 적합한지를 검사하기 위한 테스트)를 실시해야 합니다.

또한 개는 사람처럼 헌혈 시스템이 체계적으로 갖춰져 있지 않습니다. 미국에서는 '공혈견 도너 등록'이 시스템화되어 있는 곳이 많지만, 아쉽게도 한국에서는 공혈견에 대한 명확한 관리 기준이 없습니다. 그뿐만 아니라, 공혈견이 혈액 공급의 거의 대부분을 담당하고 있으면서도 제대로 된 환경에서 관리를 해 주지 않아 논란이 있습니다. 최근에는 한국헌혈견협회를 중심으로 자발적으로 헌혈을 하는 '헌혈견 시스템'을 정착시키고자 노력하고 있습니다.

언제 까지나 건강하게 있어 줘♡

# 희로애락,
# 개의 말을
# 배우자

개는 말을 하는 대신에 여러 가지 몸짓이나 행동으로 자신의 감정을 어필합니다. 개가 무슨 이야기를 하는지, 개의 기분을 한번 헤아려 봅시다.

## Q23

# 얼굴을 핥는 건
# '좋아한다'라는 신호일까?

**주인을 향한 애정과 어미에 대한 어리광을 의미하는 신호**

　새끼 늑대에게는 어미의 입가를 핥아서 어미가 먹은 먹이를 토해 내게 한 뒤 그것을 먹는 습성이 있습니다. 그 습성이 남아 있어 강아지도 종종 어미 개의 입 주변을 핥는데, 이는 음식을 요구한다기보다는 어미에 대한 어리광이나 친밀감을 나타내는 행동입니다. 그러니 주인의 얼굴을 핥는다는 것은 어미 개만큼이나 주인을 좋아한다는 의미이지요. 혹은 주인의 입 주변에 음식의 염분이나 냄새가 배어 있을 때도 핥습니다.

　하지만 지속적으로 집요하게 핥을 때는 그 행동이 자신을 위로하기 위한 행동일 가능성도 있습니다. 이는 개가 정신적으로 불안해지거나 긴장해 스트레스를 받을 때 상대방을 핥아 자신을 진정시키려는 의도에서 행하는 것입니다.

**핥아도 '재미없어'라고 가르칩시다.**

　개와 함께 놀 때면 늘 얼굴을 날름날름 핥죠. 신경이 쓰이지 않는다면 상관없겠지만 가끔은 핥지 않았으면 할 때도 있을 것이고, 게다가 입가를 핥는 행동은 위생적으로도 그다지 권장하지 않습니다.

　얼굴을 핥는 행동을 멈추게 하기 위해서는 개가 핥으려고 할 때, 상대해 주지 말고 그 자리를 떠납시다. 과도하게 싫어하는 티를 내면 개는 받아 주고 있다고 착각해서 더욱 흥분하므로 역효과를 일으킵니다. 얌전하게 있어야 주인에게 칭찬받을 수 있다는 것을 가르쳐 줍시다.

**A** '많이 좋아해!'를 나타내는 친밀감의 표시야.

## 늑대 시절에는 먹이를 받기 위해

## 현재는 어리광의 표현

# Q24

# 오줌을 흘리는 이유는 무엇일까?
# 너무 기뻐서 그러는 걸까?

## 사람을 좋아하는 강아지에게 많이 나타나는 현상입니다.

주인이 돌아오면 마치 '드디어 돌아왔구나!'라고 생각하는 것처럼 엄청 기뻐하며 흥분한 나머지 착 달라붙어서 오줌을 누는 개가 있습니다. 이는 특히 새끼가 자주 보이는 행동입니다. 사랑하는 주인을 만나서 너무 흥분한 나머지 실례를 하게 되는 것이죠. 새끼는 어미 개에게 어리광을 부리며 친밀감을 나타내기 위해서도 오줌을 흘릴 때가 있습니다. 그 습성이 남아서 주인에게도 같은 행동을 하는 경우도 있습니다. 이와 더불어, 새끼일 때는 요도 괄약근의 발달이 덜되었기 때문에, 흥분을 하면 근육이 느슨해져 오줌을 흘릴 가능성이 성견보다 더 높습니다. 오줌을 흘리는 행동은 새끼 중에서도 외로움을 많이 타거나 어리광쟁이, 사람을 잘 따르는 성격인 개에게 많이 나타나는 행동입니다.

## 성장과 함께 없어지는 경우가 많습니다.

성장을 하면서 흥분 때문에 요도 괄약근이 느슨해지는 일은 줄어들고, 그와 별도로 주인의 부재와 귀가의 반복에 익숙해지면 그렇게까지는 흥분하지 않게 됩니다. 그러나 성격이 어린아이 같은 개나 자신감이 없는 개들은 주인이 돌아올 때 계속 흥분하기 때문에 오줌 누는 행동을 고치기 어려울 수도 있습니다. 64p에서도 서술했지만, 개가 흥분해서 일으키는 문제에 대해 혼을 내거나 말을 거는 것은 역효과를 일으킵니다. 대신 귀가했을 때 개의 흥분이 가라앉을 때까지는 말을 걸지 맙시다. 이후 얌전해졌을 때 말을 걸어 준다면 점차 흥분이 잦아들어서 실례를 하는 일도 없어질 것입니다.

**A** 반가워서
흥분하는 거야.

 **대처법** ---------------------------- 얌전해질 때까지 상대해 주지 않는다.

무시한다.
흥분해서 뛰어들려고 할 때는 말을 걸지 말고 무시합니다. 눈도 마주치지 맙시다.

개가 차분해지기를 기다린다.
흥분해 있는 개를 상대하지 말고, 조용해질 때까지 무시하고 다른 일을 합니다.

차분해지면 칭찬한다.
조용해지면 "앉아" 등의 지시를 내린 뒤 칭찬을 하며 상대해 줍시다.

2

희로애락, 개의 말을 배우자

67

## Q25

# "밥 먹어"라는 말에 반응하던데, 사람의 말을 알아듣는 걸까?

## 과거의 경험을 통해 반응합니다.

"밥 먹어"라고 말하면 기쁜 표정으로 다가오죠. 말이 통한다고 생각하는 순간입니다. 그러나 개가 이해하는 것은 말의 의미가 아니라 "밥 먹어"라는 말이 들리면 반드시 밥을 먹을 수 있다는 사실입니다. 식사는 개에게 가장 큰 즐거움 중 하나이므로 개들은 주인이 매일매일 하는 습관을 통해 밥을 줄 때의 패턴을 똑똑히 기억하고 있습니다. "밥 먹어"라는 말 역시 매일매일의 식사 전에 주인이 꼭 하는 말이므로, 그 말만 들어도 밥이 떠올라서 '이제 곧 밥을 먹을 수 있어!' 라고 생각하며 마음이 들뜹니다.

## 목소리 톤이나 주인의 표정을 봅니다.

"밥 먹어"가 아니라 "식사 시간이야"라고 말해도 개가 '밥 먹을 시간이군!'이라고 생각하며 알아들을 때가 있습니다. 이는 말이 달라도 식사 준비를 할 때의 주인의 상태나 자신을 부를 때의 목소리 톤, 분위기, 표정 등을 평소에 잘 관찰하고 있기 때문입니다.

'이 정도 시간이 되면 주인님은 밥이 있는 곳으로 가서 식기를 꺼낸 뒤에 밥을 먹으라는 말을 하지'라고 기억하고 있다면, 말을 다르게 하더라도 개는 '아마 주인님이 밥을 줄 거야'라고 종합적으로 판단합니다. 말의 뜻 자체가 아니라 행동, 발음, 억양, 표정 등의 요소를 통해 이해하기 때문에 "맘마 먹자"나 "밥이야"처럼 발음이 비슷한 말은 개에게는 똑같이 들릴 것입니다.

**A** 지금까지의 경험을 통해서 밥을 준다는 사실을 아는 거야.

행동, 발음, 억양, 표정 등의 요소로 이해합니다.

'밥'줄
있어.

밥?!

DOG
FOOD

## Q26

# 음악을 틀면 즐거워하던데, 우리 집 개는 음악을 좋아하는 걸까?

**음악을 듣는 상황이 개를 차분하게 만들어 줍니다.**

특정 음악만 흐르면, 그전까지는 시끄럽게 짖던 개가 조용해지거나 넋을 잃은 표정으로 편안해지고는 합니다. '개도 음악으로 힐링을 받는 것일 수도?'라고 생각하는 순간이죠.

자신이 좋아하는 음악을 반려견도 좋아해서 함께 듣는다고 생각하는 주인도 많을 것입니다. 확실히 심리 안정 음악이나 심장 박동처럼 단조로운 북소리를 들으면서 차분해지는 개도 있습니다. 그러나 개의 기분이 좋아지는 대부분의 경우는, 좋아하는 음악을 들으면서 차분해지고 즐거워지는 주인의 기분을 감지하기 때문입니다. 주인이 좋아하는 노래를 들으면서 자신을 다정하게 쓰다듬어 주는 분위기 그 자체를 좋아하는 것이지요.

**음악을 틀어 두면 차분해지는 경우도 있습니다.**

혼자서 집을 보는 일을 쓸쓸해하거나, 자그마한 소리에도 과민하게 반응하는 겁쟁이 개는 라디오나 음악을 틀어 주면 차분해지는 경우가 있습니다. 라디오의 경우는 말소리가 들리면 사람이 있는 것처럼 느껴져서 외로움이 달아나기 때문입니다. 음악의 경우 심리 안정 음악 외에 평소에 스피커로 틀어 놔서 익숙한 음악을 트는 것도 효과적입니다. 음악 소리로 인해 주변의 소리가 잘 들리지 않게 되면 다른 소리들에 흠칫하지 않게 되어서 차분하게 있을 수가 있습니다.

**A**

주인님이
좋아하는 노래는
나도 좋아해.

음악 취향은 주인과 닮는다?

깽~~

멍~~

우~~

예~~

**Tip** 소리가 나는 장난감으로도 기분이 좋아집니다.

개가 좋아하는 장난감 중에 잡거나 누르면 소리가 나는 장난감이 있습니다. 개에게는
그것이 기분이 좋아지는 소리인데요. 먹이를 잡아서 제압하거나 물었을 때 먹이가 내
는 소리와 비슷하기 때문입니다.

# Q27

# 다리에 달라붙어 마운팅을 하는 건 자기 짝이라고 착각해서 그러는 걸까?

**대부분의 경우, 성적인 의미는 아닙니다.**

　개가 주인의 다리에 달라붙어 허리를 내밀거나 허리를 흔드는 행동을 마운팅이라고 합니다. 이는 개가 교미할 때와 같은 동작이지만, 교미 외에 흥분했을 때도 보이는 행동입니다. 일반적으로 동물은 다른 종의 동물에게 성적인 매력을 느끼지 않습니다. 사람을 향한 마운팅은 수컷뿐만이 아니라 암컷에게서도 보이므로, 성적인 의미가 있는 행동이라기보다는 흥분하여 하는 경우가 대부분입니다.

**주인을 향한 애정 표현이기도 합니다.**

곤란하구먼

반가워
반가워~♡

# 주체하지 못하는 흥분을 발산하는 거야.

## 버릇이 되지 않도록 주의합시다.

성적인 의미가 없다고는 하나, 남들 앞에서 맹렬히 허리를 흔드는 행동은 주인 입장에서 부끄러울 수가 있습니다. 그러나 달라붙는 행동을 멈추게 하고 싶더라도 큰 소리를 내면서 뿌리치면, '주인님이 관심을 가져 줬어'라고 생각해서 개를 쓸데없이 더 흥분시켜 버립니다.

대처를 할 때는 개가 다리에 달라붙으려 할 때 그 다리를 뒤로 빼서 달라붙지 않도록 하면 됩니다. 마운팅이 버릇이 되지 않도록 평소에 신경을 씁시다.

개가 다리에 달라붙기 전에 다리를 슬쩍 빼서 달라붙지 않도록 합시다.

**Tip** **발정기에는 이성을 찾아 집을 나가는 경우도 있습니다.**

암컷을 만나고 싶어서 헤엄을 쳐서 바다를 건너는 개 영화도 있을 만큼, 발정기가 되면 암컷과 수컷 모두 이성을 원하는 충동이 강해집니다. 이성을 찾아 울거나 심지어는 집을 나가는 경우도 있으니 주의를 기울입시다.

## Q28

# 길을 걷다가 보행자에게 갑자기 달려드는 건 화났다는 신호일까?

**개의 눈을 보지 말고, 상대해 주지도 말고 무시하고 지나갑시다.**

산책 중인 개가 보행자에게 달려드는 행동은 대부분의 경우 낯선 사람이 무서운 나머지, '저리로 가'라고 위협하는 신호입니다. 새끼 시절부터 사회성이 몸에 배어 있는 개는 밖에서 모르는 사람을 만나더라도 거의 달려들지 않습니다. 그러나 낯선 사람에게 익숙하지 않은 개는 공포심이 들어 달려드는 경우가 있습니다. 개가 달려들 것 같아도 "꺄!" 하고 큰소리를 내거나 뿌리치는 행동은 하면 안 됩니다. 개를 더욱 흥분시킬 수도 있으므로, 낯선 개와 마주한다면 침착하게 무시하고 그 자리에서 빠르게 떠납니다.

**트러블을 피하기 위해서라도 교육을 잘 시킵시다.**

낯선 사람에게 달려들지 않는 행동은 주변에 폐를 끼치지 않고, 반려견이 스트레스를 느끼지 않고 외출을 즐기기 위해서라도 교육해 두어야 하는 필수 사항입니다. 특히 상대방이 아이이거나 노인일 경우에는 부상으로 이어질 수도 있기 때문에 위험합니다. 그러나 낯선 사람에게 공포심을 느끼는 개를 교육하는 것은 결코 쉬운 일이 아닙니다. 그러니 사람들이 많이 지나다니는 길은 피하는 등 산책 경로를 짤 때도 신경을 써야 합니다. 보행자가 건너편에서 다가올 경우에는 리드줄을 짧게 쥐고 간식을 주는 등의 방법을 통해 나에게로 주의를 돌리거나 곧바로 경로를 변경하도록 합시다. 개가 얌전해지면 반드시 칭찬해 줍시다.

## A

무서워서 '저리 가!'라고 위협하는 거야.

 낯선 사람이 무서워서 달려드는 것입니다.

2

희로애락, 개의 말을 배우자

멍 멍 멍

# Q29

# 아기에게 짖는 건 질투 때문일까?

## 저 신입은 웬 놈이야?

아기가 등장하기 전까지 주인의 관심을 100% 받아 오던 개는 '내가 귀여움 받는 것은 당연한 일!'이라고 생각합니다. 그런데 낯선 아기가 등장하면 어떨까요? 개의 입장에서 아기는 듣도 보도 못한 수상한 생물일 뿐입니다. 그 아기가 온 가족의 관심과 사랑을 받고, 그와 동시에 자신은 지금까지 받아 왔던 관심을 받지 못하게 되니 가족의 애정을 독점한 아기를 질투하게 되지요. 질투심과 경계심이 커질수록 아기를 싫어하게 될 것입니다.

## 지금까지 해 왔던 것 이상으로 아껴 줍시다.

어떻게든 주인의 관심을 끌고 싶은 개는 일부러 주인이 싫어할 만한 짓이나 장난을 칠 수도 있습니다. 그러나 그렇다고 해서 개를 다른 방으로 옮겨 버리는 식의 대응을 하면 개를 쓸데없이 혼란스럽게 만듭니다. 아기에게서 무작정 개를 떨어뜨려 놓으면 개의 호기심과 질투심을 더욱 부추기게 되며, 이것이 심해지면 외로움으로 인해 문제 행동으로 이어지는 경우도 있습니다.

그러니 아기가 집에 나타나도 개가 혼란스러워하지 않도록, 출산 시기가 가까워지면 아기용품의 냄새를 맡게 하는 등 새 가족의 등장에 미리 적응시킵니다. 또한 아기가 생긴 뒤에도 가능한 한 개에게도 예전과 똑같이 애정을 쏟아 줍시다.

## A 저 낯선 녀석은 뭐지? 게다가 다들 저 녀석에게만 관심을 주네?!

 **얌전하게 있으면 칭찬해 준다.**

> 얌전하게 있으면 간식 줄 거야.

수유 중에 얌전히 있으면 보상을 주는 등 아기가 곁에 있으면 즐거운 일이 생긴다는 것을 기억하게 합시다.

**NG 개가 다가오지 못하도록 아기를 숨긴다.**

> 시끄러우니까 저리로 가자~

> 내가 싫은 거야?

'뭐지?', '저 녀석 때문에 주인님이 놀아 주지 않는 거야'라는 생각이 들지 않도록 대해 줍시다.

## Q30

# 강아지와 놀다 보면 갑자기 손을 '콱' 하고 물던데, 도대체 왜 그럴까?

**강아지에게는 즐거운 놀이 중 하나입니다.**

강아지와 놀다 보면 강아지가 손이나 소맷부리에 달라붙어 장난을 치다가 갑자기 '콱' 하고 물어 버릴 때가 있습니다. 개에게 있어 무는 행동은 본능적이고 자연스러운 행동입니다. 특히 사람의 손이나 치맛자락 등 펄럭펄럭 움직이는 것을 발견하면 장난감이라고 인식하여 자신도 모르게 달려들어 무는 습성이 있습니다. 개에게는 장난치다가 무는 것도 놀이의 연장이겠지만, 사람에게는 피해를 주는 행동이니 자제시켜야 합니다.

**가볍게 무는 행동을 방치해 두면 버릇이 됩니다.**

강아지가 가볍게 무는 행동을 그대로 놔두는 것은 매우 위험합니다. 자제시키지 않은 채로 성장하면 언제까지고 장난으로 사람의 손을 물어도 괜찮다고 생각하게 되기 때문이지요. 무는 욕구를 채워 주기 위해서는 물어도 되는 장난감을 마련해 줄 필요가 있습니다. 만일 물렸다면 즉시 손을 빼고 노는 것을 중단해서, 새끼일 때부터 사람을 물지 않도록 교육시킵시다. 또한 평소에 놀아 줄 때 손에 들러붙지 않도록 장난감을 사용해서 놀아 주는 것도 중요합니다.

**A** 움직이는 것에 반응해서 나도 모르게 그만 물게 돼.

 장난감을 준다.

물어도 되는 장난감을 줍니다. 물기 편하고 안전한 장난감을 선택합시다.

 물면 놀이를 멈춘다.

흥!

물린다면 즉시 손을 빼고, 시선을 돌립시다.

# 장난을 쳐서 혼냈더니 시무룩해하던데, 주눅이 든 걸까?

**반성하는 것이 아니라 곤란해하는 것입니다.**

실수를 했거나 장난을 쳤을 때 혼을 내면, 몸을 말면서 미안하다는 듯이 행동하는 개가 있습니다. 기가 죽어서 눈치를 보며 주인을 올려다보는 행동을 보고 '자기가 한 행동을 반성하는 걸까?'라고 생각할 수도 있겠지만, 실제로 그렇지는 않습니다.

개는 혼이 나도 반성을 하지는 않습니다. 실제로는 기가 죽어 있는 태도를 취했더니 주인의 화가 가라앉았던 것이 생각나기 때문입니다. '왠지 주인님이 화낼 것 같아'라고 생각하면 재빨리 주인의 안색을 파악한 뒤, 주인이 화가 났을 때의 행동을 생각하며 몸을 작게 만들어서 주인의 화가 가라앉기를 기다리는 것입니다.

**혼낼 때는 그 자리에서 바로 혼내는 것이 중요합니다.**

개를 혼내서 효과가 있는 때는 현행범으로 잡혔을 때, 즉 잘못을 한 그 시점에 바로 혼을 낼 때뿐입니다. 이런 경우에는 혼을 내서 그동안 잘못한 행동을 중단시키고 나쁜 버릇이 들지 않도록 예방할 수 있습니다. 그러나 집을 비웠을 때 한 실수나 장난에 대해 집에 돌아와서 혼을 내면 의미가 전혀 없습니다. 혼을 내도 개는 혼란스러워할 뿐입니다.

개는 자신이 그 행동을 하면 주인이 얼마나 곤란해할까 하는 식의 생각은 하지 않습니다. 그러니 테이블에 다리를 올리고 음식을 입에 넣으려는 순간이나 떨어져 있는 책을 물려고 할 때 등, 개가 '이러면 안 되는구나' 하고 이해할 수 있는 타이밍 내에 혼내도록 합시다.

> **A**
> # 사실은
> # 어리둥절해하는 거야.

**혼내도 효과가 있는 때는 현행범으로 잡혔을 때뿐입니다.**

어허,
그럼 안 돼.

와드득 와드득

장난을 치기 시작했을 때 바로 주의를
주면, 하면 안 되는 행동이라는 것을
이해합니다.

저렇게 하면 안 돼,
의자가 엉망진창이
됐잖아~

장난이 끝난 뒤에는 주의를 받아도 이
해하지 못합니다.

**Tip** **살짝 혼내는 것만으로도 강아지에게는 스트레스가 됩니다.**

어린 강아지는 아직 사람이 생활하는 방식을 모릅니다. 때문에 해서는 안 되는 일을 하
더라도 혼내지 말고, 일단은 해도 되는 일을 가르치는 것이 먼저입니다. 이 시기에 너
무 많이 혼을 내면 주인을 싫어하게 될 수도 있습니다.

81

## Q32

# 다리를 아파하는데 외상은 없어. 이거 꾀병일까?

**주인이 관심을 가져 줬던 것을 기억하기 때문입니다.**

다리를 질질 끌어서 병원에 데려갔는데 아무 곳에도 이상은 없고, 방금 전까지는 고통스러워했는데 또 몇 분 뒤에는 팔팔하고…. 개는 이런 이상한 행동을 취할 때가 있습니다.

사실 주인의 일이 바쁘거나 새로운 가족이 생겨서 개에게 관심과 애정이 향하지 않게 되면, 개는 주인이 바라봐 줬으면 하는 마음에서 이런 행동을 합니다. 과거에 다쳤을 때 주인이 걱정해 줬던 경우나 소중하게 대해 줬던 경우가 떠올라 같은 상황을 만들려는 의도에서 아파 보이는 행동을 합니다.

**꾀병인지 아닌지는 잘 지켜볼 필요가 있습니다.**

꾀병의 목적은 주인의 관심을 끄는 것입니다. 때문에 주인이나 가족이 없을 경우에는 의미가 없으므로 하지 않습니다. 만약 아무도 없는 장소에서나 보고 있지 않을 때도 같은 증상이 있다면, 관절이나 어딘가에 아픈 곳이 있을 수도 있으니 동물병원에서 진료를 잘 받아 봅시다. 꾀병인 경우에도 혼내거나 그대로 방치해 두지 말고 개를 향한 애정을 나타내서 안심을 시켜 줍시다.

# 관심 받고 싶어서 아픈 척을 하는 거야.

 **주인 앞에서만 그렇게 행동한다면 꾀병입니다.**

해냈다♡
해냈어.

다리 왜 그래?
이리 와.

절뚝
절뚝

 **Tip** **암으로 인해 사망하는 개가 늘고 있습니다.**

미국에서는 10세 이후의 개의 약 45%가 암으로 사망하고 있습니다. 이는 암 발생률 자체가 늘어났다기보다도 종양이 발생하기 쉬워지는 연령까지 오래 사는 개가 늘어났다는 의미입니다. 개의 건강을 위해 중년기가 되면 정기 검진을 받도록 합시다.

## Q33

# 혼내고 있는데 하품을 크게 하네! 이거 무시하는 건가?

**공포나 불안함을 느낄 때 하는 행동입니다.**

이는 자신과 상대방의 긴장을 풀기 위해 하는 일종의 카밍 시그널입니다. 개는 불안한 상황에 놓이거나 긴장을 했을 경우에, 적의가 없다는 것을 나타내거나 긴장감을 풀기 위해 여러 가지 신호를 내보냅니다. 하품을 크게 하는 것도 그런 신호 중 하나입니다. 밖에서 다른 개와 맞닥뜨렸을 때나 주위에서 싸움이 일어났을 때도 이러한 행동을 취할 때가 있습니다.

너 왜 그랬어!

하품을 한다.
'자, 자, 진정합시다'라는 의미.

**아무 의미도 없는 행동인 것인지는 판단이 필요합니다.**

운동을 해서 피곤할 때나 수면 시간이 짧아서 졸렸을 때도 하품을 하므로, 그 개가 놓인 상황을 잘 보고 판단합시다. 개는 주인이 등을 돌려 앉거나 자신이 쳐다보는데 주인이 눈을 마주치지 않을 때도 불안함을 느껴서 긴장을 풀려고 할 때가 있습니다. 또한 사람도 모르는 사람이 많이 있으면 긴장하듯이, 개도 익숙하지 않은 장소에 있거나 익숙하지 않은 사람과 있을 때 긴장을 하는 경우가 있습니다. 이럴 때는 스트레스나 공포를 느끼는데 기분을 진정시키기 위해 하품을 합니다.

**A** 상대방과 자신을
진정**시키려는 신호야.**

 **긴장을 누그러뜨리는 신호**

**2**

**희로애락, 개의 말을 배우자**

자신의 코를 핥는다.
긴장하면 혀로 코를 핥습니다.

몸을 떤다.
물에 젖은 것도 아닌데 몸을 떱니다.

85

## Q34

# 엉덩이를 바닥에 비비는 건 병의 전조?

**항문 주변의 병을 의심합시다.**

엉덩이를 바닥에 비비면서 앞다리로 이동하는 것은 항문 주위가 간지러워서 신경이 쓰이기 때문입니다. 촌충이나 그 알이 항문에서 배설되거나, 항문 주위에 염증이 있으면 그 주변이 간지럽기 때문에 엉덩이를 질질 끄는 경우가 있습니다. 변비 때문에 대변이 잘 끊어지지 않아서 항문에 달려 있는 경우도 있는데, 이런 때는 엉덩이 주변에 때, 부종, 좁쌀만 한 물집 등이 있지는 않은지 확인합시다.

개의 항문 근처에는 냄새를 분비하는 '항문낭'이라는 작은 주머니가 있습니다. 이곳은 염증이 잘 일어나며, 분비액이 너무 쌓여서 파열되는 경우도 있기 때문에 정기적으로 확인을 해야 합니다. 엉덩이를 비비는 그 밖의 원인으로는 항문부의 염증 때문이거나 암컷의 경우에는 외음부의 염증 때문일 가능성도 있습니다. 걱정이 될 때는 수의사에게 상담을 받아 봅시다.

항문 주변이 더러워져 있지는 않은지 틈틈이 확인합시다.

**A** 엉덩이가 근질근질해서 신경 쓰여.

## 몸이 안 좋다는 신호를 놓치지 맙시다!

개의 건강 상태를 알기 위해서는 매일마다 개의 상태를 자주 관찰하는 것이 중요합니다. 특히 대변이나 오줌, 배뇨 및 배변할 때의 모습 등은 건강 상태를 알 수 있는 중요한 단서입니다. 평소와 다른 수상한 행동을 할 때는 반드시 원인이 있습니다.

배변 이외에도 식욕이나 밥을 먹는 양과 상태, 산책이나 배변을 할 때의 모습이 평소와 같은지, 계절에 따른 변화가 있는지도 확인해 둡시다.

괜찮은 걸까?

브러싱을 하는 동안에 틈틈이 온몸을 만지면서 건강 상태를 확인하는 것도 중요합니다.

2 희로애락, 개의 말을 배우자

**Tip** **건강진단을 하면 병을 예방할 수 있습니다.**

설령 건강해 보이더라도 매년 정기적으로 건강진단을 받게 합시다. 산책을 하며 밖을 돌아다니는 개는 기생충에 감염될 가능성이 있고, 다른 개에게 병을 옮겨 오는 경우도 있습니다. 사람과 마찬가지로 병은 예방이 중요합니다.

## Q35

# 바라보면 눈을 피하는 이유가 무엇일까? 부끄러워서일까?

**시선을 피하는 것은 적의가 없다는 신호입니다.**

개의 눈을 바라보면 홱 하고 눈을 피해 버릴 때가 있습니다. 그렇다고 해서 개가 '부끄러워'라고 생각하는 것은 아닙니다. 단지 정면에서 보거나 눈길을 받는 것이 매우 서투르기에 그럴 뿐입니다. 눈을 피하는 행동은 상대방에게 '공격하지 않아요, 적의는 없어요'라고 전해서 그 상황이 주는 긴장을 풀려는 의미(84p 참고)이기도 합니다. 개를 가만히 바라보는 행동은 개의 불안함을 증가시키고 개를 긴장시키는 행동이니 특별한 이유가 있지 않은 이상은 자제합시다.

### 개는 원래 눈을 서로 마주보는 것이 서툽니다.

## 눈길을 받는 것이 껄끄러운 거야.

**처음 보는 개를 가만히 쳐다보는 것은 좋지 않습니다.**

개들끼리는 정면에서 서로를 바라볼 기회가 그다지 많지 않습니다. 서로를 바라본다는 것은 대부분 적과 조우해서 긴장 상태가 되었을 때입니다. 공격을 할지, 위협을 할지, 도망을 칠지, 말 그대로 일촉즉발의 긴박한 상황인 것이지요. 그러니 처음 보는 개를 정면으로 마주보는 행동은 개의 입장에서는 그야말로 '싸움을 거는' 상황입니다. 처음 보는 개를 만났을 때는 눈을 마주치지 말고, 다가가서 손의 냄새를 맡게 해서 안심을 먼저 시킵시다.

킁킁

냄새를 맡게 한다.
'정면에서 바라보지 않으면 실례야'
라고 생각하는 것은 사람의 생각일
뿐입니다.

<br>

2 희로애락, 개의 말을 배우자

# Q36

# 말다툼을 하고 있는데
# 끼어 들어와서 방해하는 이유는
# 무엇일까?

**싸움을 막으려는 행동입니다.**

　개는 무리 생활을 했는데 동료들과 서로 협력하며 살았습니다. 그렇게 하지 않으면 적으로부터 몸을 지키면서 살아갈 수 없었기 때문이지요.

　동료들 사이에서 싸움을 피하려는 성질은 현재까지도 남아서 험악한 낌새를 느끼면 될 수 있는 한 피하려고 합니다. 때문에 사람들이 거리를 좁혀서 소파에 딱 붙어 앉거나 몸을 기대어 춤을 추거나 가까이서 언쟁을 하는 모습은, 개에게는 긴장 상태처럼 보이는 것이지요. 그런 모습을 보면 '싸우려는 거야? 싸움은 하지 않는 것이 좋아'라는 생각이 들어 끼어들어서 다툼을 막으려 합니다.

**관심 받고 싶은 경우에도…?**

　손님이 와 있거나 가족들이 화목하게 있을 때 등 주인의 관심이 자신에게로 향해 있지 않을 때, 그 상황이 마음에 들지 않는다고 느끼는 개도 있습니다. 그 증거로, 다른 사람들과 이야기할 때면 곁에 다가와서 '나도 끼워 줘'라고 자기주장을 하듯이 그 사이로 비집고 들어오는 개가 많습니다. 주인의 손 아래로 머리를 집어넣고 앞다리를 주인의 무릎 위에 올리는 것도 '나한테 관심 좀 줘'라고 자신을 어필하는 신호입니다.

**90**

A

'싸움은 그만해!'라고
**중재**하는 거야.

개는 평화주의자입니다.

너야말로
왜 그래!

너는
왜 그러는데!

어쩔 수 없군.
모처럼
자고 있었는데.

부부싸움은
칼로 물 베기라던데….

한 걸음 더

# 개에게 좋은 이름이란
# 어떤 이름일까?

'개를 키운다면 어떤 이름을 지을까?'라는 생각은 예비 주인이 하는 가장 큰 즐거움이기도 합니다. 하지만 여기에서 잠시! 어떤 이름을 지을지는 자유이지만 너무 긴 이름, 복잡하거나 발음하기 어려운 이름은 가능한 한 피하는 것이 좋습니다.

개에게는 '나에게는 이름이 있다'라는 개념이 없기 때문에, 이름을 불러도 '나를 부르는 거야'라고는 생각하지 않습니다. 다만 반복해서 듣는 사이에 그 소리의 울림이나 이름을 부를 때의 주인의 모습에서 '저 말이 무언가 특별한 의미를 가진 것이구나'하고 이해하게 될 뿐입니다.

개의 이름으로는 개에게도 전달되기 쉽고, 소리의 울림이 좋고 심플한 이름이 가장 좋습니다. 또한 가족이나 주변 사람들이 부르기 쉽고 외우기도 쉬운 이름이 '좋은 이름'이라고 할 수 있겠지요.

# 개들 사이의
# 커뮤니케이션

개들끼리도 사람들처럼 인사나 보디랭귀지로 대화를 합니다.

개들의 신호를 읽어 내서 개의 세상을 들여다봅시다.

# 우리 집 개한테
# 짖으면서 다가오는 개가 있더라고.
# 대체 왜 그렇게 짖어 대는 걸까?

## 짖는 이유는 여러 가지입니다.

산책 중에 다른 개와 만나면 짖는 개가 있습니다. 짖는 이유로는 '놀자!'라는 신호를 보내기 위해, '무서워. 이리로 오지 마!'라는 공포심이 섞인 경고를 알리기 위해, '여기는 내 구역이야. 저리로 가!'라고 위협을 하기 위해 등 여러 가지가 있습니다. 그러니 짖는 개와 맞닥뜨렸을 때는 놀자는 것인지, 무서워하고 있는 것인지 등 상태를 보면서 의도를 잘 파악합시다.

## 억지로 놀게 하는 것은 잘못된 방법

새끼 시절부터 많은 개들을 만나면서 개 사회의 생활 방식이 몸에 배면 다른 개와 만나도 짖을 일이 적습니다. 그러나 다른 개에게 익숙하지 않거나 선천적으로 겁이 많은 개일 경우에는 공포심으로 인해 짖는 경우도 종종 있습니다. 또한 흥분하기 쉬운 개는 짖으면서 상대방 개에게 달라붙어서 상대방 개를 화나게 만드는 경우도 있습니다.

 **Tip** **개들 사이의 싸움을 중재하려고 할 때는 신중하게!**

싸움을 멈출 때는 주인끼리 서로 각자의 개의 목줄을 잡고 "하나 둘 셋"이라고 말하며 동시에 떼어놓아야 합니다. 이때 옷으로 개의 얼굴을 덮어 버리면 시야가 가려져서 힘이 약해집니다. 다만, 일부러 화해시키려고 하는 것은 위험한 행동입니다. 가까이 가지 않도록 하는 것이 오히려 좋습니다.

**A** 무서울 때도 짖고,
놀고 싶을 때도 짖고···.
이유는 여러 가지야.

짖지 않게 하기 위해서는, 산책 중에 다른 개를 발견하면 반응하기 전에 개의 이름을 부르고 보상을 줘서 '다른 개를 발견했을 때 주인님을 보면 좋은 일이 있어'라고 기억하게 합시다. 억지로 "앉아", "기다려"를 시켜서 다른 개가 지나갈 때까지 조용하게 만들 필요까지는 없습니다.

다른 개가 짖었을 때는 거리를 두고 조용히 지나간 뒤에, 침착하게 대응합시다. 개의 성격이나 궁합 여부도 전부 다르기 때문에 억지로 다가가서 인사를 시키거나 놀게 할 필요는 없습니다. 개가 따라서 짖지 않고 무시할 수 있게 된다면 훌륭한 성과입니다.

 ─────────────── **다른 개를 만나면 좋은 일이 있다고 생각하게 만든다.**

안녕~

앗!
개다!

간식 먹는다!
아싸 ♡

## Q38

# 개들끼리 노는 게 중요한 걸까?

**개들은 놀면서 여러 가지 규칙을 배웁니다.**

개는 새끼 시절, 어미 개나 형제 개와 놀면서 인사하는 법이나 보디랭귀지, 장난칠 때의 힘 조절 등 개 사회만의 여러 가지 규칙을 배웁니다. 이런 것들을 사람은 충분히 가르칠 수가 없지요. 그렇다고 혼자서도 배울 수가 없기 때문에, 새끼 시절에 어미 개나 형제 개와 마음껏 노는 것은 매우 중요한 일입니다.

**주인의 잘못된 대응으로 인해
다른 개를 싫어하게 될 수도 있습니다.**

안타깝지만 어린 시절 부모형제와 지낸 경험이 적은 개는 다른 개를 제대로 접하지 못해서 잘 놀지 못하거나 상대방 개에게 상처를 입히는 경우도 있습니다. 또한 때로는 주인의 잘못된 대응으로 인해 다른 개를 싫어하게 되기도 합니다. 이를 대비해, 생후 2개월 반~4개월 정도까지의 강아지를 대상으로 하는 퍼피 클래스에서는 강아지들끼리의 놀이 시간을 따로 마련합니다. 이는 '다른 개에게 익숙해지는 방법'으로는 가장 좋습니다.

**Tip** **강아지가 이갈이를 하는 때는 생후 5~7개월 즈음**

개의 이빨은 소형견은 5~6개월, 중, 대형견은 6~7개월 즈음에 유치에서 영구치로 다시 납니다. 유치가 빠지지 않은 채 영구치가 나게 되면 치열이 나빠져서 치석이나 치주염의 원인이 되기도 하므로, 유치가 빠지지 않을 때는 수의사에게 상담을 받읍시다.

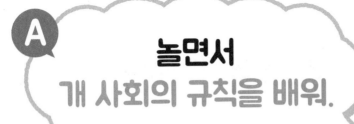

**A** 놀면서
개 사회의 규칙을 배워.

 새끼 시절에 개들끼리 노는 것은 중요합니다.

# 종처럼 친구가 안 생겨···.

**개에게도 마음이 맞지 않는 상대가 있습니다.**

산책 중에 개들끼리 서로 즐겁게 장난을 치거나 조용히 서로의 냄새를 맡는 모습을 발견하고는 하는데, 그중에는 종처럼 다른 개들과 사이가 좋아지지 않는 개도 있습니다. 개도 사람과 마찬가지로 '친구와 노는 것을 좋아하는' 개도 있고 '친구들과 노는 것을 어려워하는' 개도 있습니다. 이는 개체에 따라서 제각각입니다. 특정 개에 대해 '저 녀석이랑은 마음이 안 맞아'라고 느끼는 경우도 있으므로, 궁합이 맞지 않는 개와 억지로 놀게 할 필요는 없습니다.

## 강아지의 성장 단계

**신생아기(생후 약 2주까지)**
눈도 보이지 않고, 귀도 안 들리는 막 태어난 시기입니다. 아직 어미와 형제밖에 모릅니다.

**사회화기 전반(생후 약 3~7주)**
조금씩 걷기 시작합니다. 형제와 놀면서 인사나 싸움의 방식, 화해 방법을 익힙니다.

98

## A 성격이나 자란 환경에 따라서는 개보다 사람을 좋아하는 개도 있어.

**사회화기를 보내는 방법에도 원인이 있습니다.**

산책 중에 만나는 개를 무서워해서 가까이 가지 않거나 공격해 버리는 개의 경우, 사회화기를 어떻게 보냈는지가 영향을 미쳤을 가능성이 있습니다. 개는 생후 14~15주 즈음까지 어미 개나 형제 개와 많이 접촉하면서 개 사회에서의 생활 방식을 익힙니다. 또한 사람과 접촉하면서 사람과 어울리는 방법이나 산책 및 현관 벨소리 같은 생활 소리에도 익숙해져 갑니다. 사회화기를 보내는 방법은 개의 성장에 크게 영향을 미치는 중요한 시기이니 특히 신경을 씁시다.

**사회화기 후반(생후 약 8~14주)**
베란다나 정원에 내보내서 바깥 공기를 쐬게 합니다. 안은 채로 짧은 시간 동안 근처를 걸으면서 이웃 사람과도 만나게 해 봅시다.

**사회화기의 종료(생후 약 15~16주)**
백신 접종을 완료하면 첫 산책을 나갑니다.

# Q40

# 집에 먼저 키우던 개가 있는데, 괜찮을까?

## 당신의 개는 개를 좋아합니까?

다른 강아지를 분양받아 키우기 시작할 때, 전부터 키우던 개와 사이좋게 지낼지를 걱정하는 사람이 많을 것입니다. 일단은 기존에 기르던 개가 새로운 강아지를 키우는 것을 호의적으로 생각할지가 가장 중요합니다. 산책을 할 때 당신의 개는 다른 개들에게 어떻게 반응합니까? 다른 개들과 잘 놉니까? 다른 개들을 싫어할 경우에는 새로운 강아지를 받아들이기 어려울지도 모릅니다.

만약 입양을 하기로 해서 새로운 강아지를 들인 경우, 보통은 먼저 키우던 개가 새로 들어온 강아지에게 교육적 지도를 합니다. 그런데 그중에는 지나치게 공격적으로 대하는 개도 있습니다. 또한 부모나 형제 개와 충분히 생활하지 않은 강아지는 먼저 키우던 개의 지도를 받아들이지 못해서 문제가 발생하는 경우도 있으므로, 이런 문제들을 종합적으로 고려하여 분양 여부를 결정합시다.

## 먼저 키우던 개를 우선으로 합시다.

새 강아지를 맞이한 경우, 아무래도 그 강아지에게 손이 많이 가고 관심도 가기 마련이지만, 그렇게 되면 지금까지 주인의 애정을 한 몸에 받았던 기존의 개는 당황하게 됩니다. 더 나아가 '주인님은 내가 싫어진 게 아닐까?', '저 강아지가 없어졌으면 좋겠어'라고 생각할 수도 있습니다. 그러니 그런 일이 없도록 식사나 놀이, 산책, 관심을 가지는 순서까지 모두 먼저 키우던 개를 우선시합시다. '너를 지금까지와 변함없이 좋아해'라는 의미를 꼭 전해 주세요.

# A 다른 개를 싫어하는 개도 있으니까 주의하자.

먼저 키우던 개가 새로 들어온 강아지를 지도합니다.

3

개들 사이의 커뮤니케이션

# 암컷을 발견하면 기분이 들떠서 가만있지를 못해!

**수컷은 정해진 발정기가 따로 없습니다.**

　암컷은 생후 7~16개월 즈음에 처음으로 발정기를 맞이합니다. 암컷의 발정기는 대부분 연 2회이며, 약 6개월 주기로 찾아옵니다. 반면 수컷은 생후 7~12개월이면 성적으로 성숙해지는데, 암컷처럼 발정 기간이 정해져 있지는 않습니다. 수컷은 발정기를 맞이한 암컷의 냄새에 포함된 페로몬 냄새에 자극을 받으면 언제든지 흥분해서 암컷을 뒤쫓아 갑니다.

 **새끼가 태어나기까지**

**발정 전**
암컷은 소형견이면 7개월 즈음부터, 중, 대형견이면 12개월 즈음부터 발정기를 맞이합니다. 발정 전에는 수컷을 거부합니다.

**발정기**
임신하기 가장 쉬운 시기이며 출혈 후 배란이 일어납니다. 수컷을 받아들이는 체제로 들어갑니다.

## A 발정된 암컷의 냄새를 맡으면 언제든 흥분해.

### 교미를 할지 말지는 암컷이 쥐고 있습니다.

대부분의 동물들이 그렇듯이, 교미를 할지 말지의 주도권은 암컷이 쥐고 있습니다. 암컷은 배란이 일어나지 않은 시기, 즉 발정기 전에는 수컷이 교미하려고 다가와도 주저앉거나 위협해서 쫓아냅니다. 이후 발정기가 시작되고 며칠 뒤에 배란이 일어나는 시기가 되면, 적극적으로 수컷을 원하여 페로몬으로 수컷을 유혹합니다. 암컷과 수컷이 서로를 마음에 들어 하고 교미를 무사히 성공하면 약 60일 후에 새끼가 태어납니다.

**교미**

구애해 오는 수컷들 중에서 상대를 선택한 뒤, 수컷에게 엉덩이를 보이면서 마운팅을 유도합니다.

**출산**

교미에 성공하면 약 60일 후에 새끼가 태어납니다. 한 번에 여러 마리의 새끼를 낳습니다.

# 중성화를 하니 최근에 암컷을 만나도 흥분하지 않아.

**중성화를 하면 성적 욕구로 인해 생긴 스트레스가 줄어듭니다.**

수컷은 중성화를 하면 성적인 욕구가 줄어듭니다. 마킹을 하거나 암컷을 찾아 헤매는 행동이 줄어들고, 암컷을 둘러싼 수컷들끼리의 경쟁에 그다지 흥미가 없어지는 등 공격성이 줄어드는 경우도 종종 있습니다.

중성화 수술을 할지의 여부는 주인의 사고방식에 따라 다를 것입니다. 다만 새끼를 늘리고 싶은 생각도 없고 마킹 행동 때문에 곤란해하고 있다면 수술을 하는 것도 좋은 방법입니다.

## 중성화 수술을 한 개는 살이 찐다?

중성화 수술 후에는 저절로 살이 찐다고 알려져 있는데, 이는 매우 큰 착각입니다. 수술을 하면 개는 체내에서 정자, 난자를 만드는 일과 발정기 시 받는 스트레스에서 해방이 되어 기초적인 소비 에너지가 줄어듭니다. 이 사실을 모른 채 수술 전과 같은 양의 밥을 주면 권장 칼로리를 넘게 되어 살이 찌는 것이지, 저절로 살이 찌는 것은 아닙니다.

### 암컷에게 일어나는 위임신

임신도 하지 않았는데 유선이나 유두, 배가 커지는 암컷이 있습니다. 이를 '위임신'이라고 부르는데 사람으로 치면 '상상 임신' 같은 상태입니다. 여성 호르몬의 작용에 의해 일어나는데, 발정이 일어날 때마다 반복하는 개도 있습니다.

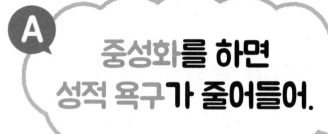

**A** 중성화를 하면
성적 욕구가 줄어들어.

중성화의 장점

병의 예방

발정기 때 받는
스트레스 감소

마킹의 감소

# 사이가 좋았던 개가 새끼가 생기더니 신경질적으로 변했어!

## 주변에 대해 신경질적으로 변합니다.

어미 개는 출산 후 한동안은 새끼 곁에서 떠나려 하지 않고 딱 붙어서 새끼를 보살핍니다. 모든 동물들이 그러하듯이, 출산한 어미 개는 자기 자식을 외부의 적으로부터 지키기 위해 주변에 대해 매우 신경질적으로 변합니다. 설령 주인이나 가족이라 하더라도 곁에 다가가지 못할 정도로 험악한 분위기가 되는 경우도 있습니다.

평소 얌전했던 개라 하더라도 '새끼를 뺏기는 게 아닐까' 하는 불안함이나 경계심에, 새끼를 한 마리씩 입에 물어 사람들의 눈에 띄지 않는 장소로 옮기는 경우도 있습니다.

## 출산부터 육아에 이르기까지 혼자 힘으로 해냅니다.

어미 개는 출산 후, 새끼가 상처를 입지 않도록 신경 쓰며 탯줄을 물어서 끊습니다. 출산에서 육아에 이르는 이런 일련의 작업들을 누가 가르쳐준 것도 아닌데 혼자 힘으로 잘 해내는 광경을 보면 신기할 따름입니다. 이런 일들을 해내는 것은 동물이 가지고 있는 강한 본능적 힘 때문일 가능성이 높습니다. 그러나 최근에는 이런 행동을 스스로 하지 못하는 개도 많습니다. 이제는 출산을 할 때 사람의 도움이 필요한 경우가 많으므로, 출산 시 어떻게 행동을 해야 하는지는 수의사에게 상담을 받읍시다.

## A 출산을 한 엄마는 평소보다 신경이 **예민**해져서 **까칠해져.**

**평소보다 신경질적으로 변합니다.**

왜 그래?

까칠 까칠

안절 부절

 **Tip** **새끼는 어미 개의 혀의 자극을 통해 배변을 합니다.**

막 태어난 새끼는 스스로의 힘으로 배변하는 요령을 가지고 있지 않습니다. 그 때문에 어미 개는 따뜻한 혀로 새끼의 항문을 핥아서 자극을 주어 배변을 재촉합니다. 어미 개는 일정 시간이 되면 새끼의 배변 활동을 위해 순서대로 새끼의 항문을 핥습니다.

# 처음 보는 개들끼리
## 서로 엉덩이 냄새를 맡아.

### 개에게 필요한 정보가 담긴 냄새

개에게 냄새는 서로를 알기 위한 중요한 정보원입니다. 냄새를 통해 그 개의 성별이나 연령, 발정 여부를 알 수 있습니다. 때문에 다른 개를 만났을 때 서로의 엉덩이 냄새를 킁킁 맡는 것은 개들 사이의 일종의 명함 교환 같은 것입니다. 이때는 항문샘에서 나오는 분비물의 냄새를 맡으면서 서로를 탐색합니다.

서로의 냄새를 맡는데 상대방이 싫어하지 않으면 인사라고 생각하고 잠시 지켜봅시다.

### 자신감이 있는 개

## A 냄새로 정보를 교환하는 것은 개 사회에서의 인사야.

**인사하는 태도로 개의 성격을 알 수 있습니다.**

　냄새를 어떻게 맡는지를 보면 개의 성격을 조금 알 수 있습니다. 당당하게 엉덩이의 냄새를 맡게 하는 개는 자신감이 있는 개입니다. 반대로, 내성적이고 자신감이 없는 개는 꼬리를 내려서 감춰 버립니다.

　누구에게든지 으스대는 개도 있고, 인사도 하는 둥 마는 둥 빨리 놀고 싶어 하는 쾌활한 개도 있고, 무서워하면서 인사도 못하는 개도 있는 등 개는 개체에 따라 성격이 천차만별입니다. 각각 차이가 있기 때문에 개의 성격을 고려하면서 냄새를 맡게 합시다.

### 🐾 자신감이 없는 개 🐾

**3 개들 사이의 커뮤니케이션**

109

# Q45

# 사이가 좋았던 다른 집 개와 최근 들어 **분위기가 험악**해졌어.

## 성견이 되면 견종 특유의 행동이 나옵니다.

새끼 시절에는 같이 잘 놀던 산책 동료였는데, 성장을 하면서 서로 거리를 두게 되고 그 사이에 분위기가 험악해지는 경우가 있습니다. 이러한 개의 특성을 이상하게 여기는 사람도 있을지도 모르겠지만, 이는 성장을 하면서 나오게 되는 견종 특유의 성질이나 행동이 원인인 경우가 많습니다. 예를 들면, 셰퍼드는 놀 때 상대방에게 달려들 것 같은 자세를 취하기도 하고, 보더콜리는 상대방의 앞으로 돌아서 들어가려는 경우도 있습니다.

그러나 만약 지금까지 함께 놀아왔는데 갑자기 그런 행동을 취한다면 이는 '너 이제 나랑 안 맞아, 저리로 가!'라는 의미의 행동으로, 상대방을 멀리하려고 하는 것입니다.

## 성적으로 성숙해짐에 따라 싸우는 경우도 있습니다.

새끼와 성견의 큰 차이점은 성적인 성숙에 따른 성격의 변화입니다. 수컷은 성견이 되면 좋은 암컷을 차지하기 위해 자신을 다른 수컷보다도 강하게 보이려고 하는 경우가 있습니다. 이는 자연의 본능이므로 멈추게 할 수는 없습니다.

체격이 명백하게 다르거나 힘의 차이가 확실할 경우에는 싸움으로 번질 일이 별로 없지만, 자신과 비슷한 체격이나 연령이라면 라이벌 의식이 불끈 솟아오릅니다. 이때는 자신의 힘을 어필하고 싶어서 공격적으로 행동하는 경우가 있습니다.

110

**A** 성견이 되면 사이가 안 좋아지는 **경우도 있어.**

### 셰퍼드가 성장하면…

흐익!

양을 치던 때의 달려드는 행동이 남아 있어서, 상대에게 달려들 것 처럼 하면서 놉니다.

### 보더콜리가 성장하면…

양을 몰던 사역견이었기 때문에, 옆이나 뒤에서 갑자기 상대방 앞 으로 돌아서 들어가려고 할 때가 있습니다.

# 새끼를 낳게 해야 하나, 낳지 않게 해야 하나?

새끼를 낳게 해야 할지 낳지 않게 해야 할지에 대해서는 주인에 따라 의견이 갈립니다. 중성화 수술을 받게 하는 것은 자연의 섭리에 반하는 일이라며 거부감을 가지고 있는 사람도 있습니다. 그러나 출산을 하게 하는 것은 간단하게 결정할 수 있는, 쉬운 일이 아닙니다. 시간적, 경제적인 부담을 져야 함은 물론, 새끼를 받아갈 사람이나 선천적인 병 및 유전성 질환을 가진 새끼가 태어날 가능성에 대해서도 생각해야만 합니다.

한편, 중성화 수술을 받게 하는 것에는 여러 가지 장점도 있습니다. 암컷과 수컷 모두 발정기 시 받는 스트레스에서 해방되고, 생식기계 질환의 예방 효과도 있습니다. 그러니 새끼를 낳게 하지 않기로 결정했다면, 빨리 수술을 하는 것을 권장합니다.

수술은 전신마취로 이루어지기 때문에 고통은 없습니다. 입원 기간은 병원에 따라 다르지만 암컷의 경우에는 수술 후 1~2일 후에, 수컷은 수술 당일 혹은 그 다음날에 귀가할 수 있는 경우가 대부분입니다.

# 상황별
# 라이프 스타일

개와 생활하다보면 '어째서?', '왜?' 하는 상황이 자주 있을 것입니다. 식사, 산책, 수면, 일상생활 중에 마주치는 상황을 통해서 각 상황별로 주인이 품는 의문을 풀어내겠습니다.

# Q46

# 식사는 하루 한 번이면
# 괜찮을까?

**공복 시간이 길면 반려견은 안절부절….**

　그 옛날, 사냥을 하면서 음식을 얻었던 시절에는 정기적으로 먹이를 잡을 수 있다는 보장이 없었습니다. 때문에, 이때의 개는 잡은 먹이는 닥치는 대로 다 먹으면서 공복을 버텼습니다. 그러므로 하루에 한 끼만 먹더라도 필요한 영양분과 에너지가 충분하다면 문제는 없습니다. 그러나 하루에 한 끼만 먹으면 식후 혈당치와 공복 시 혈당치의 상하차가 너무 커지기 때문에 배가 불렀을 때는 기분이 좋더라도 공복일 때는 조바심이 심해져서 스트레스가 쌓이게 됩니다.

## 연령에 따라 식사 횟수를 바꿉시다.

**강아지**
소화하는 힘이 아직 미숙하기 때문에, 발달 정도에 맞춰서 하루 2~3회 정도로 나눠서 줍니다.

**성견**
생후 6개월이 지나면 식사를 하루에 2회 줍니다. 공복 시간이 길어서 스트레스를 받는 것 같다면 3회로 나눕시다.

## 공복 시간이 길어지면 안절부절못하게 돼.

### 성견의 식사는 하루 2회가 적당합니다.

   공복 시 스트레스를 느끼게 하지 않기 위해서라도 식사는 하루 2회가 적당합니다. 다만 강아지는 위가 작기 때문에 한꺼번에 많은 양을 소화할 수 없습니다. 노견도 소화 기능이 떨어지기 때문에 양이 많으면 위에 부담이 갑니다. 때문에 강아지와 노견은 횟수를 나눠서 조금씩 주는 것이 꼭 필요합니다. 다이어트 중인 개의 경우는, 식사량을 줄이지 말고 다이어트 식품을 주면서 음식의 종류를 바꾸는 것이 공복 시의 스트레스를 느끼지 않게 할 수 있는 좋은 방법입니다.

노견

나이를 먹으면 소화 기능이 쇠약해지기 때문에 식사는
3회 정도로 나눠서 주는 것이 좋습니다. 운동량이 줄어
들기 때문에 비만 상태가 되지 않도록 신경 씁시다.

## Q47

# 밥을 먹는 둥 마는 둥 하는 건 단순히 배가 안 고파서일까?

### 밥이 계속 놓여 있다는 것은 '언제 먹어도 좋다'라는 신호

개는 본래 눈앞에 있는 음식을 모두 먹으려는 습성을 가졌습니다. 그러나 밥이 계속 놓여 있으면 개는 '지금 당장 먹지 않아도 언제든지 먹을 수 있어'라고 생각하게 됩니다. 그 결과, 식사 도중에 놀거나 밥을 먹는 둥 마는 둥 하게 되는 것이지요. 이러한 상황이 계속되면 정말로 식욕이 없을 때 그 변화를 알아차리지 못해서 병도 발견하기 어려워집니다.

### 먹지 않으면 한 번 식사를 정리합시다.

밥이 나오고 시간이 좀 지나도 관심을 보이지 않거나 도중에 식사 장소를 떠난다면, 일단 밥을 치웁시다. 그리고 1~2시간 지난 뒤에 다시 줘 봅시다. 밥이 나와 있는 시간이 정해져 있다는 사실을 알게 되면 밥은 나왔을 때 먹어야 한다는 사실을 이해합니다.

 **Tip** **개 중에도 살찌기 쉬운 체질이 있습니다.**

사람에게 체질의 차이가 있듯이, 개 중에도 살이 찌기 쉬운 체질인 종들이 있습니다. 대표적인 종으로는 비글, 카발리에 킹 찰스 스패니얼, 래브라도 리트리버, 시추, 셰틀랜드 쉽독 등이 있습니다.

**A** 지금 먹지 않아도
된다고 생각하는 거야.

**OK** 먹지 않으면 밥을 치운다.

엥
?!

**NG** 먹지 않으니까 더 맛있는 것을 준다.

이거
먹을래?

물론이지!
멍!

# Q48

# 가족들이 밥을 먹고 있는데 짖는 이유는 무엇일까?

**음식을 나눠 주기를 바라는 것은 받은 경험이 있기 때문입니다.**

식사 중에 개가 가족을 향해 짖는 행동은 '다들 뭘 먹고 있는 거야? 나도 먹고 싶어'라는 뜻으로, 음식을 주기를 요구하는 행동입니다. 짖어서 한 번이라도 사람이 먹는 밥을 얻어먹은 경험이 있는 개는 식사 때마다 얻어먹으려고 합니다. 가족 중에 한 명이라도 주게 되면 개는 다음에도 받을 수 있다고 생각하기 때문입니다. 반대로 받은 적이 한 번도 없으면 요구하는 경우가 거의 없습니다.

**아무리 애원하더라도 사람이 먹는 음식은 주지 맙시다.**

사람이 먹는 음식 중에는 개의 몸에 좋지 않은 것도 있습니다. 양파 같은 파 종류는 빈혈의 원인이, 초콜릿은 중독 증상의 원인이 되기 때문에 위험합니다. 또한 자극이 강한 향신료나 소화에 좋지 않은 문어와 오징어, 염분이 많은 어묵류 제품, 과자 같은 것들도 주지 맙시다. 개에게 필요한 영양 성분이나 영양 섭취량은 사람과는 근본적으로 다르다는 사실을 잘 이해해 둡시다.

**Tip** **손수 만드는 사료는 영양 밸런스가 중요**

직접 사료 만들기에 도전한다면, 채소나 고기 등의 식재료를 알맞은 비율로 사용합시다. 반려견의 건강을 위해서 염분이나 지방분은 적게 넣읍시다. 사료를 처음 만들어서 주는 경우에는 시판되고 있는 식품과 번갈아 주는 것을 권장합니다.

## 모두가 먹는 걸 나도 먹고 싶어!

### 가족들이 식사 중일 때는 하우스에 있게 한다.

식사 중에 개가 집요하게 음식을 원한다거나 가족 중 누군가가 개의 요구에 져 줄 것 같은 경우에는 개를 하우스에 넣읍시다. 하우스에 넣으면 사람이 먹다 흘린 것을 주워 먹는 행동도 막을 수 있습니다.

하우스

### 떼를 써도 무시한다.

떼를 써도 철저하게 무시합니다. 말을 걸지도 말고 눈도 마주치지 않습니다. 혼을 내거나 말을 거는 것은 개에게 '주인님이 관심을 줬어'라는 보상으로 들립니다.

119

## Q49

# 테이블 위에 있는 음식을 몰래 먹는 건 밥이 부족해서일까?

**먹어도 된다고 생각하는 것입니다.**

개는 자기 식사가 계속 놓여 있는 등의 특별한 경우를 제외하고는 눈앞에 음식이 있으면 배가 불러도 먹어 보는 습성이 있습니다. 그래서 테이블 위에 좋은 냄새가 나는 음식이 있다고 알아차리면 신경이 쓰여서 견디지를 못합니다. 게다가 한 번 테이블 위에 있는 음식을 먹은 적이 있는 개는 '이 위에 있는 것은 나도 먹어도 돼'라고 생각합니다. 심한 경우에는 주인에게 "안 돼!"라는 말을 듣기 전에 먹어 버리려고 음식을 몰래 먹는 경우도 있으므로 주의합시다.

**눈앞에 음식이 있으면 먹습니다.**

**A 그야 먹으면 맛있는 걸.**

## 먹으려고 할 때 바로 혼내는 것이 중요합니다.

몰래 먹는 것을 멈추게 하고 싶다면 먼저 개가 닿는 곳에 음식을 두지 말기 바랍니다. 음식은 테이블에 계속 두지 말고 바로 정리하는 습관을 들입시다. 또한 테이블에서 음식을 주는 습관도 들이지 않도록 합니다.

몰래 먹는 모습을 발견했을 때는 그 자리에서 바로 혼내야 합니다. 그렇지 않으면 개에게는 전해지지 않습니다. 테이블에 앞다리를 올렸을 때 바로 큰 소리를 내거나 "안 돼!"라고 혼을 냅시다. 혼을 내는 것과 더불어, 테이블에 앞다리를 올리지 않았을 때는 "잘했어"라고 칭찬해 주는 것도 중요합니다.

테이블에 앞다리를 올렸을 때 바로 "안 돼!"라는 식으로 짧고 확실하게 말하여 의미를 정확히 전달합시다.

상황별 라이프 스타일 4

Q50

# 식사 중에 다가가면 으르렁거리는 건 다가가는 방법이 안 좋아서일까?

## 자신에게 소중한 음식을 지키는 것일 뿐입니다.

대부분의 개는 식사 중에 다른 개나 사람이 다가오면 음식을 뺏길지도 모른다는 불안함을 느낍니다. 그래서 '이건 내 거야. 뺏어 가지 마. 저리로 가!'라는 의사를 표현하기 위해 으르렁대거나 경우에 따라서는 물려고 할 때도 있습니다. 식사 중에는 안심하고 먹을 수 있는 환경을 만들어 주는 것이 중요합니다.

## 사람이 곁에 있어도 괜찮다는 것을 가르칩시다.

식사 중에 다가온 사람을 무는 행동을 계속 방치해 두면 위험합니다. 그러니 개에게 식사 중에 사람이 다가와도 아무 일도 일어나지 않고, 안심하고 밥을 먹을 수 있다는 사실을 가르칩시다. 사람에게서 밥이 나온다는 사실을 익힐 수 있도록 사료를 한 알씩 손으로 주거나 식사 중에 맛있는 것을 음식에 넣어 주면서 개를 길들입시다. 사람과의 신뢰 관계가 깊어지면 식사 중에 가까이 다가가도 개가 공격하지 않게 될 것입니다.

**A** '밥을 뺏어 가지 마' 라는 신호야.

 **안심하고 먹을 수 있다고 가르칩시다.**

식사는 주인에게서 받는 것이라고 가르칩시다. 으르렁대거나 물려고 하는 행동이 계속될 경우에는 전문가에게 한번 상담을 받아 봅시다.

밥 먹어~

우와~♡

# 갑자기 멈춰 서서
# 안 움직이려고 하는 건
# '지쳤어….'라는 신호일까?

**'지쳤어….', '이 길은 싫어….' 등 이유는 여러 가지입니다.**

몸 상태가 안 좋거나, 기온 때문에 지쳤거나, 다리에 가시가 박혀서 아픈 부분이 있거나, 예전에 그 길을 지나다가 안 좋은 일을 겪었거나, 공사로 인한 큰 소리 및 진동 때문이거나…. 이처럼 개가 가던 길을 멈춰 서게 되는 이유는 많습니다. 원인을 알 수 없을 때는 억지로 끌어당기지 말고 상태를 봐서 지나가도록 하며, 경우에 따라서는 다른 길로 지나갑시다.

**조금이라도 걸으면 칭찬해 줍시다.**

만약 지쳐서 멈춘 것이라면 조금 쉬고 나면 다시 잘 걸을 테니, 휴식 시간을 가집시다. 가시가 박혀서 아픈 것처럼 원인이 분명할 경우에는 그 원인을 제거해 줍니다. 단순히 이 길을 지나가고 싶지 않다는 것이 이유라면 다양한 방법을 통해 '이 길을 걸으면 좋은 일이 있을 거야'라고 생각하게끔 만들어 줍시다. 어쩌다 조금이라도 걷기 시작한다면 칭찬해 주면서 산책을 조금씩 재개합시다.

> **Tip** **산책 시 리드줄의 가장 적합한 길이는 1~1.8m**
>
> 산책할 때 리드줄의 길이는 1~1.8m 정도가 가장 좋습니다. 길이가 조절되는 리드줄이나 롱리드줄은 안전한 장소에서만 바꿔 가면서 사용합시다. 리드줄의 한계 중량 등은 개의 체격에 맞춰서 선택합시다.

**A** 지쳤거나 몸 상태가
안 좋거나....
**이유는 여러 가지야.**

 개가 조금이라도 걸으면 보상을 준다.

좋아~

잘했어

↑
보상

공포심 때문에 멈춰 서 있는 경우
에는 조금이라도 걸으면 칭찬해
줘서 자신감을 가지도록 해 줍시
다.

 병이나 부상일 때는 집으로 데려간다.

괜찮아?
집에 가자!

병이나 부상 등 이유가 명확한 경
우에는 바로 집으로 데려갑시다.

# 비오는 날에도 산책을 가자고 재촉하네. 역시 매일 가야 하나?

## 산책 시간을 기억하고 있는 것입니다.

개는 일상 속에서 정해진 것들을 잘 기억합니다. 아침에 누가 제일 먼저 일어나고 누가 식사를 주는지, 주인이 어떤 동작을 한 뒤에 산책을 데려가는지 등, 늘 주인의 행동을 보면서 정해진 행동에 민감하게 반응합니다. 그중에는 매일 몇 시쯤에 산책을 나가는지에 대한 기억도 있습니다. 때문에 산책 시간이 되면 '산책 시간을 잊어버렸나? 알려 줘야지'라는 생각에 재촉하는 경우가 많습니다.

## 산책 시간은 주인의 상황에 맞춰 정합시다.

산책 시간을 정확히 맞춰 놓으면 산책을 못 갈 때는 물론이고 시간이 늦어지는 것만으로도 불만을 느끼게 됩니다. 그러니 평소에 산책 시간은 유동적으로 정해 두는 것이 좋습니다. 또한 산책할 때만 배변하는 버릇이 들면 어떤 날씨에도 산책을 가야 하므로, '산책 = 배변'이라는 생각이 배지 않도록 신경 씁시다.

**Tip** **갑자기 확 펼쳐지는 우산은 개 입장에서는 공포 그 자체!**

"홱" 하는 소리와 함께 갑자기 펼쳐지는 우산은 개에게는 '큰 소리가 나면서 갑자기 튀어나오는' 이상한 물건입니다. 이런 경험이 쌓이면 언제 놀라게 될지 모른다는 불안함에 우산만 보면 짖는 등 우산 공포증에 걸리는 경우도 있습니다.

A **'산책 시간이야!' 하고 주인님께 알려 주는 거야.**

 **산책 시간을 기억하고 있습니다.**

아, 벌써 산책 시간이야?

## Q53

# 개가 리드줄을 당길 때는 마음대로 하도록 둬도 될까?

### 밖에는 흥미 있는 일들로 가득!

개가 마음껏 걷거나 뛸 수 있는 때는 산책할 때뿐입니다. 밖으로 나가면 여러 가지 냄새와 소리도 있고, 다른 사람이나 개도 만날 수 있으며 자극도 많기 때문에, 조용한 실내에서 사는 개는 '빨리 내가 좋아하는 곳으로 가자!'라는 기쁜 마음에 살짝 흥분을 합니다. 특히 호기심이 왕성하고 놀기를 좋아하는 어린 강아지나, 활발한 성격인 개는 산책을 매우 좋아합니다. 이런 개의 경우 에너지가 더욱 남아도는 데다가 기대를 잔뜩 하고 있기 때문에 주인을 끌어당겨서 가고 싶은 방향으로 가려고 합니다.

**대처법** ── **주인과 함께 걷게 한다.**

**1** 주인보다 앞으로 나가면 멈춰 섭니다. 개가 이끄는 대로 끌려가서는 안 됩니다. 조용히 멈춰 섭시다.

**2** 주인이 걷지 않으면 자신도 나아갈 수 없다는 사실을 개가 알게 하는 것이 중요합니다. 주인 곁에 있을 때는 충분히 칭찬을 해 줘서 개가 무엇을 해야 하는지를 전합시다.

## A 좋아하는 장소로 **빨리** 가고 싶어서 **당기는 거야.**

**주인이 제대로 통제합시다.**

    산책 시간은 주인과 함께 걸으면서 신뢰 관계를 쌓을 수 있는 소중한 커뮤니케이션 시간입니다. 때문에 개가 흥분한 채로 멋대로 나아가는 것을 봐 주면, 주인과 개 사이의 신뢰 관계도 제대로 쌓을 수 없습니다. 또한 주위에 피해를 끼칠 뿐만 아니라 개 자신에게도 위험합니다. 산책 경로는 주인이 정하며, 주인 곁에 붙어서 걸을 수 있도록 통제합시다. 활발한 개의 경우 처음에는 달리는 시간을 준 뒤에 약간 지치면 걷는 연습을 하는 것이 좋습니다.

주인 곁에서 걷는 동안에는 칭찬을 계속합시다. 앞으로 나가서 끌어당길 것 같으면 멈춰 섭니다. 잘한 행동에 대해 칭찬을 하면서 어떻게 하는 것이 좋은 것인지를 개가 생각하도록 만듭시다.

# 길가에 있는 풀을 먹는 이유는 무엇일까? 채소 섭취가 부족한 걸 해소하기 위한 걸까?

## 영양분을 보충하는 것은 아닙니다.

산책 중에 길가에 나 있는 풀을 우적우적 먹는 개가 있습니다. 개가 의식적으로 풀을 먹어서 영양 부족을 해소하는 경우는 거의 없습니다. 만약 영양 밸런스에 문제가 있더라도 개가 길가에 있는 풀로 보충할 수 있는 영양분은 거의 없을 것입니다. 풀을 먹는 원인은 여러 가지인데, 잡식성인 개의 특성상 이것저것을 먹어 보다가 '무심결에 먹었는데 맛있었어'라는 이유로 인해 버릇이 되었을 수도 있고, 씹고 뜯는 감촉 자체가 마음에 들었기 때문일 수도 있습니다. 속이 쓰릴 때 풀을 먹어서 게워 낸다는 설도 있지만 확실하지는 않습니다.

## 위생적으로 좋지 않기 때문에 먹이지 맙시다.

길가에 나 있는 풀에는 다른 개의 오줌이나 대변 같은 배설물이 묻어 있거나, 배설물에서 나오는 기생충의 알이 붙어 있을 수도 있습니다. 식물에 따라서는 독성이 있어서 구토나 설사를 일으킬 가능성도 있습니다. 어떤 경우는 제초제나 살충제가 뿌려져 있을 수도 있기에 매우 위험합니다. 그러니 개가 먹고 싶어 하더라도 재빨리 그 자리를 떠납시다. 자제시키려고 "먹으면 안 돼!"라고 말하면서 야단스럽게 떠드는 것은 오히려 역효과를 발생시킵니다. 주인과 풀을 놓고 놀이를 하고 있다고 착각하게 만드는 행동이니 주의합시다.

## A 장난삼아 먹거나 위의 상태가 나쁠 때도 먹어. 이유는 여러 가지야.

영양을 보충하는 것은 아닙니다.

무지?
이거,
맛있어
~~♡

우걱

**Tip** **식사 후에 바로 운동하는 습관은 병의 원인이 됩니다.**

개는 음식을 먹은 뒤에 바로 격렬한 운동을 하면 위확장이 일어나거나 위가 뒤틀릴 수가 있습니다. 특히 세터나 보르조이처럼 가슴이 깊은(옆에서 보았을 때 가슴뼈에서 등뼈까지의 길이가 길고, 정면에서 보았을 때 가로 폭이 얇은) 견종이나 대형견은 더욱 주의가 필요합니다. 그러니 식후에는 조금 쉬게 해 준 뒤에 운동하도록 합시다.

## Q55

# 주워 먹는 건 배가 고프다는 증거?

**개는 눈앞에 떨어져 있는 것에 관심이 많습니다.**

　개는 눈앞에 무엇인가 떨어져 있으면 일단 본능적으로 입에 넣어 버립니다. 길가에 떨어져 있는 것을 발견하면 '뭐지?' 하면서 흥미를 느껴 다가가서 냄새를 맡은 뒤, 먹을 수 있을 것 같으면 덥석 입에 넣어 버리지요. 그런데 그 상황에서 주인이 야단스럽게 행동하며 뺏으려고 한다면 터그 놀이로 인식하여 빼앗기지 않으려고 허겁지겁 삼키기까지 합니다. 땅에 떨어진 것을 주워 먹지 않게 될 때까지는 음식이 떨어져 있을 것 같은 산책 경로는 피합시다.

## NG 음식이 떨어져 있는 장소에서 멈춰 선다.

1

개는 길에서 신경 쓰이는 것을 발견하면 멈춰 섭니다.

2

개가 멈추었기에 주인도 덩달아 멈춰 섭니다.

## 눈앞에 음식이 있으면 신경 쓰게 되는 거야.

**중독 증상에 걸릴 수도 있습니다. 주워 먹지 않게 합시다.**

길에 떨어져 있는 음식은 썩어 있거나 개에게 유독한 것인 경우가 많으므로 매우 위험합니다. 먹게 되면 식중독이나 위장염, 간염 같은 병에 걸릴 수도 있으며, 음식의 냄새가 남은 포장 상자 등 음식 이외의 것을 삼키게 되는 경우도 있습니다. 때로는 농약이나 살충제가 뿌려진 것이 떨어져 있는 경우도 있습니다. 실제로 누군가가 의도적으로 독극물을 뿌려 놓은 사건도 종종 있었으므로, 주워 먹는 버릇이 절대로 들지 않도록 교육을 시킵시다.

4

상황별 라이프 스타일

**대처법**

주인이 멈췄기 때문에 먹어도 된다고 판단해서 덥석 삼킵니다.

음식이 떨어져 있으면 개가 가까이 가기 전에 재빠르게 그 자리를 지나칩시다. 입에 넣어 버리더라도 당황하지 말고 침착하게 입 속에서 음식물을 꺼냅시다. 주인이 냉정하게 대응하는 것이 중요합니다.

## Q56

# 나이를 먹어도
# 산책은 필요할까?

**산책을 좋아하는 것은 나이를 먹어도 변함없습니다.**

개도 사람과 마찬가지로, 나이를 먹으면 기초 대사가 떨어지고 필요한 운동량도 줄어듭니다. 개에 따라서는 근육이 쇠약해져서 걷는 것을 싫어하게 되거나 관절통이 생기는 경우도 있습니다. 그렇지만 주인과 함께 나가는 산책이 개에게 크나큰 즐거움이라는 사실에는 변함이 없습니다. 오랜 시간 산책하는 것은 무리더라도 적당한 운동과 기분 전환이 되는 산책은 개에게 빼놓을 수 없는 활력소이니 조금씩이라도 산책을 합시다.

**외부에서 오는 자극을 받아 뇌가
활발히 일하게 됩니다.**

노견이 될수록 시각, 청각 같은 감각은 자연스럽게 둔해집니다. 그러나 밖에서 다른 개의 냄새를 맡거나 거리의 소리를 듣게 되면 뇌가 자극을 받기 때문에 청각이나 후각, 시각의 노화가 진행되는 것을 늦출 수가 있습니다. 다만 반응 속도는 서서히 느려지기 때문에 다른 개가 다가오는 것을 눈치 채지 못해서 깜짝 놀라거나, 몸을 생각처럼 움직이지 못해서 불안해하는 개들도 있으니 신경을 더욱 씁시다.

천천히
걷자.

# A 산책은 기분 전환이 되기도 하는 소중한 시간이야.

## 연령별로 산책의 목적은 변화합니다.

### 강아지

생후 3개월 이후, 백신 접종이 끝나면 산책을 시작합니다. 처음에는 먼저 리드줄이나 목줄에 적응을 시킵니다. 강아지에게 바깥세상은 다른 개나 사람, 자동차 등 처음 보는 '무서운 것들'로 가득찬 세상입니다. 그러니 조금씩 적응시키면서 사회성을 몸에 익히게 합시다.

### 성견

성견이 되면 운동량도 자연스럽게 늘어납니다. 그러니 산책 도중에 공원에서 프리스비나 공을 사용해 놀아주거나 때때로 산책 경로를 바꾸는 것도 좋습니다.

### 노견

나이를 먹으면서 운동 능력이 떨어지게 되면 체력과 몸 상태에 맞는 산책을 시켜 주도록 합시다. 바깥 공기를 쐬게 해서 자극을 주면 기분 전환도 되기 때문에 산책은 시켜 줘야 합니다. 체력이 떨어져서 걷는 것이 힘들어 보인다면 무리하지 맙시다. 안아서 정원이나 공원에 데려가 주는 것만으로도 좋은 자극이 됩니다.

# 이불 속에 들어오는 건 외로워서일까?

## 이유는 개에 따라 다양합니다.

밤에 이불로 기어들어오는 반려견이 귀여워서 함께 자는 주인들이 많을지도 모릅니다. 과연 개는 혼자 있는 것이 외로워서 주인의 이불로 들어오는 것일까요?

이유는 개에 따라 다르지만, 여러 가지 주장들이 있습니다. 동료와 몸을 딱 붙여서 안심을 하며 자고 싶다거나, 사랑하는 주인의 냄새가 나는 곳에서 편안하게 있고 싶다거나, 혹은 단순히 추워서 등 여러 가지 이유가 있습니다. '주인님의 이불이 내 잠자리보다 따뜻해', '폭신폭신하고 편해', '혼자 있으면 외로워'라고 느껴서 밤마다 주인의 이불 속으로 들어오는 경우가 대표적이라고 볼 수 있습니다.

## 혼자 잘 수 있게 합시다.

주인과 같은 이불에서 자는 것 자체에 큰 문제는 없습니다. 그러나 문제는 주인이 없을 때입니다. 주인이 급한 외출이나 여행으로 인해 집을 비웠을 때, 혼자서 잠들지 못하면 개와 주인 모두 곤란해집니다. 또한 새끼 시절에는 같이 자다가, 컸을 때 갑자기 습관을 바꾸려고 하면 개가 혼란을 느낍니다. 그러니 교육을 한다면 처음부터 자신의 잠자리에서 자도록 가르칩시다. 따뜻한 담요를 깔거나 개의 체격에 맞는 사이즈의 잠자리로 바꾸는 등 적합한 잠자리 환경을 갖춰 주면 개도 안심하고 혼자서 잘 수 있을 것입니다.

# 외롭거나 편안해서
# 들어가는 경우도 있어.

## 이불 속으로 들어가는 이유는 여러 가지

좋은 냄새~♡

안심이 돼~

이불은 따뜻해~

**Tip**  **수면 중에 '한숨'을 쉬는 것은 편안하다는 증거**

자고 있는 개가 종종 "후우" 소리를 내며 코에서 숨을 내뱉을 때가 있습니다. 이는 기분이 좋아서 편안하게 자고 있을 때 보이는 행동입니다. 우리가 지루할 때나 곤란할 때 내뱉는 '한숨'과는 다른 것이지요.

137

# Q58

# 개도 아기처럼 밤에 울까?

## 개는 갑자기 혼자가 되면 불안함을 느낍니다.

밤에 개가 끙끙거리며 우는 이유는 무엇일까요? 이는 혼자 있는 것이 외롭기 때문입니다. 끙끙거리며 우는 행동은 주로 어미나 동료를 부르는 행동입니다. 방금 전까지는 거실에서 가족과 함께 지냈는데, 갑자기 혼자만 다른 곳에 있게 되면 개는 동료들에게서 소외된 것 같은 쓸쓸한 기분을 느낍니다. 특히 집에 막 데려왔을 시기에는 어미 개나 형제 개와 떨어진 지 얼마 되지가 않았기 때문에, 혼자 있게 되면 불안함을 느끼는 정도가 더욱 커집니다.

개가 끙끙거리며 울 때는 주인의 냄새가 밴 수건을 잠자리에 넣어 주거나, 혼자 있는 것에 익숙해지기 전까지는 침실 구석에 잠자리를 두거나 하는 등의 방법을 실천해 봅시다. 조용히 지낼 수 있도록 전용 하우스에 천을 덮어 주는 것도 좋은 방법입니다. 이런 방법들을 통해 혼자 지내는 것에 조금씩 적응시켜 나갑시다.

## 낮에 마음껏 놀아 줍시다.

개에게 필요한 수면 시간은 인간보다 깁니다. 개는 보통 하루에 12~15시간을 잠에 쏟습니다. 새끼의 경우에는 다 합치면 하루에 20시간이나 잡니다. 그러니 자야 할 때는 잠을 자도록 해 주는 것이 좋겠지요. 매일 밤 울어 대는 개의 경우, 낮 시간 동안에 충분히 운동을 시키거나 만족할 때까지 놀아 주고 있는지를 한 번 더 확인해 봅시다. 하루 운동량이 충분한 개는 주인이 놀아 줬다는 만족감과 피로감에 의해 밤에 잠을 푹 자게 됩니다. 충분히 운동을 시켰다면 '아무튼 졸려…' 하면서 밤에 울지 않고 자게 될 것입니다.

**A** 혼자 있는 것이 불안해서 우는 거야.

익숙해질 때까지는 같은 공간에서 잡니다.

같은 공간에서 자자~

## Q59

# 드러누워서 자지 않을 때는 숙면하는 게 아닌 걸까?

**바로 깰 수 있는 자세입니다.**

개의 잠자는 자세에는 여러 가지가 있습니다. 배를 보이며 벌러덩 뒤집어져서 자거나, 둥글게 몸을 말고 자는 등 여러 자세로 잠을 잡니다.

주인 곁에 있는 개는 기분이 안정되기 때문에 편안하게 잠을 취합니다. 반면 몸과 머리를 일으킨 채 눈만 감고 자고 있다면, 그 개의 몸은 무슨 일이 있으면 바로 일어날 수 있도록 긴장되어 있는 상태입니다. 이제 막 잠들기 시작한 참이어서 잠이 얕은 상태이며 사람으로 치면 꾸벅꾸벅 조는 정도입니다. 낮 시간에는 이러한 자세로 자는 개가 많습니다.

**완전히 잠든 것은 아닙니다.**

꾸벅꾸벅 조는
상태로 자는 거야.

 편안해지면 다양한 포즈로 잠을 잡니다.

편안하게 자는 개는 배를 보이
거나 몸을 뻗어서 편한 상태로
잠을 잡니다.

## Q60

# 씻고 나면 축 늘어지던데, 목욕하는 걸 싫어하는 걸까?

### 개에게 목욕은 체력을 쓰는 일입니다.

개는 물을 통해 씻지 않고 몸에 묻은 때나 빠진 털을 혀로 핥거나 다리로 털어서 몸단장을 합니다. 평소에는 물에 닿을 기회도 별로 없기 때문에 많은 물에 젖는 것을 꺼려합니다. 목욕할 때 개의 대부분은 '물이 무서워', '물이 눈이나 귀에 들어가니까 싫어!', '구속받는 시간이 길어'라고 생각하며, 이는 목욕에 대한 좋지 않은 경험들로 이어지기 때문에 목욕을 싫어하게 됩니다. 하지만 주인은 여러 이유로 인해 개를 억지로 목욕시키지요. 그래서 기본적으로 물을 꺼려하는 개에게 목욕 시간은 스트레스가 될 뿐이고, 스트레스가 너무 쌓이면 지쳐 버리는 것입니다.

### 조금씩 적응시켜 나갑시다.

털의 길이나 체취, 피부의 성질 같은 차이는 있겠지만, 브러싱과 코밍(주로 콩이라는 빗을 통해 털을 정리하는 것)을 충분히 해 주면 그렇게까지 빈번히 목욕을 할 필요는 없습니다. 그러나 실내에서 사는 개의 경우에는 개가 목욕을 싫어하지 않도록 만들고 싶은 것이 주인의 마음이지요. 만약 목욕을 싫어하지 않도록 만들고 싶다면 보상을 적절하게 해 줘서 욕실이나 목욕에 조금씩 적응을 시켜 나갑시다. 목욕을 할 때도 갑자기 온몸을 적시지는 말고, 처음에는 다리만 적셔 보거나 샤워기의 노즐을 몸에 갖다 대서 물소리가 나지 않게 해 봅시다. 좋은 인상을 심어 주면 씻는 것에 대한 저항이 없어질 것입니다.

**A** 목욕에 대해 좋은 이미지가 별로 없어서 지치는 거야.

 싫어하는 개를 억지로 목욕시킨다.

날뛰거나 긴장해 있는 개를 억지로 욕실로 데려가면 목욕하는 것을 점점 더 싫어하게 됩니다.

## Q61

# 전용 하우스를 준비해 줬는데 왜 안 들어가려고 하는 걸까?

**하우스는 가두는 장소가 아닙니다.**

많은 개들은 좁고 어두컴컴한 공간에 있으면 기분이 차분해지므로 주위가 둘러싸인 하우스를 매우 좋아합니다. 그러나 주인에게 혼난 뒤에 반드시 하우스에 넣어지거나, 하우스가 벌을 받는 장소가 되었을 경우에는 하우스에 들어가는 것을 피하게 됩니다.

본래 하우스는 개가 안심하고 쉴 수 있게 하기 위해 마련된 장소입니다. 억지로 가두거나 벌을 주는 수단으로 하우스를 사용하는 것은 자제합시다.

**새끼 시절부터 길들입시다.**

하우스에 적응시키기 위해서는 '하우스에 있으면 즐겁다'라고 인식시키는 것이 중요합니다. 하우스에 들어갔을 때만 가지고 놀 수 있는 장난감을 주는 등의 방법으로 하우스에 들어가는 즐거움을 만들어 줍시다.

새끼일 때는 서클 안에 하우스나 침대, 화장실을 만들어 주면 주인의 눈길이 닿지 않을 때나 주인이 부재중일 때도 개가 안심을 할 수 있습니다. 다만 서클이나 크레이트는 절대로 가두는 장소로는 사용하지 맙시다. 또한 이와 별도로 가족과 함께 편안하게 지내는 시간을 많이 만드는 것도 중요합니다. 하우스에 스스로 들어가서 쉬는 개라면 평소에는 출입이 자유로울 수 있도록 문을 열어 두는 것도 좋습니다.

# 감금을 당하는 장소라서 싫은 거야.

 **새끼일 경우**   **성견일 경우**

문은 열어 둬~

주위가 울타리로 덮인 서클 안에는 화장실과 침대가 들어갈 공간을 마련해 줍시다. 새끼일 때는 거실의 구석 등 사람의 기척을 느낄 수 있는 곳에 두면 안심합니다.

크레이트란 개가 들어갈 수 있고 운반이 가능한 케이스를 의미합니다. 평소에는 문을 열어 둡시다. 또한 문 근처나 사람이 자주 다니는 곳에 두면 불안해하기 때문에 이런 장소는 피하도록 합시다.

**Tip** **하우스 훈련은 입원 생활을 하는 데 있어서 꼭 필요합니다.**

갑자기 입원을 하게 됐을 때, 하우스 훈련이 되어 있다면 큰 걱정을 안 할 수 있습니다. 하지만 크레이트나 서클에 들어가는 것만으로도 심한 스트레스를 느끼는 개라면 병을 고치기 위한 입원이 오히려 많은 스트레스를 주는 원인이 될 수 있습니다. 심한 경우에는 치료에 부정적 영향을 미칠 수도 있으니 하우스 훈련을 미리 하도록 합시다.

## Q62

# 왜 하우스에 들어가자마자 짖기 시작하는 걸까?

## 하우스를 싫어하는 것은 아닙니다.

하우스에 들어가자마자 깽깽거리며 우는 이유는 울면 여기에서 꺼내 준다는 사실을 학습했기 때문입니다. 울음소리가 걱정되어서 "무슨 일이야?"라고 말하면서 한 번이라도 개를 보러 가면, 개는 '울었더니 가족들이 와 주네?'라고 생각해서 점점 더 울게 됩니다. 예를 들어, 개가 주인과 '아직 좀 더 놀고 싶어'라고 생각할 때 하우스에 넣어지면 개는 울면서 항의를 합니다. 울면 주인이 다시 돌아오기 때문에 개는 하우스에 들어갈 때마다 짖는 것을 반복할 것입니다.

## 하우스는 즐거운 장소라는 것을 가르칩시다.

개를 울지 않게 만들려면, 하우스가 '즐거운 장소'라는 사실을 가르쳐야 합니다. 하우스에 들어갈 때 보상을 주거나, 안에 들어가 있는 동안 개껌이나 음식이 담긴 콩 장난감 등 먹는 데 시간이 걸리는 간식을 주거나, 하우스 안에 들어가 있을 때만 가지고 놀 수 있는 장난감을 주거나 해서 하우스와 재미있는 일을 연결시켜 줍니다. 하우스가 즐거운 장소라는 것을 알게 되면, '하우스'라는 지시만으로도 스스로 하우스에 들어갈 것입니다. 하우스에 들어가서 개가 우는 경우에는 상태를 보러 가거나 관심을 주지 말고 울음이 멎을 때 보러 갑시다.

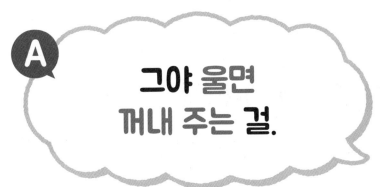

A 그야 울면 꺼내 주는 걸.

좋은 환경을 마련해 줍시다.

**④**

**상황별 라이프 스타일**

간식

콩 장난감

기타 장난감

간식이나 장난감을 준비해 둡니다.

147

## Q63

# 새로 키우게 된 고양이와도 사이좋게 지낼 수 있을까?

**사이좋게 지낼 수 있을지는 경우에 따라 다릅니다.**

'새로 키우게 된 고양이와 우리 집 개가 사이좋게 지낼 수 있을까?'라고 고민하는 주인들이 있습니다. 새끼 시절에 고양이와 접촉한 적이 있거나 함께 생활해 온 개는 고양이를 무서워하거나 고양이에게 공격을 하는 일이 비교적 없습니다. 또한 개와 고양이의 궁합이 좋다면, 개들끼리 놀 때처럼 사이좋게 지내는 경우도 있습니다.

**따로 생활하게 하는 것도 생각해 봅시다.**

개와 고양이가 같이 지낼 수 있도록 만드는 것이 어려운 경우도 있습니다. 그런 경우에는 생활 공간을 분리하는 방법도 있습니다. 이때는 상대의 기척을 느끼는 것만으로도 스트레스가 심해지는 경우가 있기 때문에 주의를 하며 분리합시다.

고양이 외의 동물을 키우는 경우에도 마찬가지입니다. 햄스터나 작은 새, 토끼 같은 것들은 본래 개의 먹잇감이었습니다. 사냥 본능으로 인해 뒤쫓는 경우도 있기 때문에 충분한 주의가 필요합니다.

 **Tip** **개와 고양이 모두 선조는 같은 동물입니다.**

개의 학술상의 분류는 '고양이목(식육목) 개과 개속'입니다. 원래는 개와 고양이 모두 같은 동물이었던 것이지요. 약 3800만 년 전에 탄생한 육식수인 미아키스라는 동물이 개와 고양이를 포함한 모든 육식 동물의 선조라고 알려져 있습니다.

**A** 먹이라고 생각해서
쫓는 경우도 있어.

**고양이를 맞이할 때의 주의점**

상황별 라이프 스타일

대부분의 개는 아무래도 고양이를 쫓아
가는 성향이 있기 때문에, 고양이에게는
개한테서 벗어나 안심할 수 있는 장소를
몇 군데 만들어 주도록 합시다. 고양이는
높은 곳에 뛰어 올라가서 위에서 밑을 내
려다보는 것을 매우 좋아합니다. 고양이
용 식품도 높은 곳에 두면 개가 훔쳐 먹
을 일도 없을 것입니다.

149

## Q64

# 방바닥을 파는 행동을 하는 건 밑에 뭔가가 있기 때문일까?

**대부분의 경우는 단순한 심심풀이로 하는 경우입니다.**

개는 특별한 이유 없이도 구멍을 파는 것을 매우 좋아합니다. 개의 선조는 먹이를 찾기 위해 소굴을 파거나 음식 같은 소중한 것을 숨기기 위해 구멍을 팠는데, 이러한 습성이 이어져 심심풀이로 땅을 파는 경우가 종종 있습니다. 마당에 풀어 둔 개라면 화단의 흙을 파내거나 구멍에 좋아하는 장난감이나 간식을 묻어서 감출 때가 있는데 이런 이유 때문입니다. 방바닥을 파는 행동도 마찬가지입니다. 주인의 귀가를 기다리는 것 외에 할 일이 없으면 심심풀이로 방바닥이나 카펫을 파려고 하는 것이지요.

**구멍을 파는 것은 개에게는 정상적인 행동입니다.**

150

**A**

# 단순한 심심풀이로 파는 거야.

## 운동 욕구를 채워 줍시다.

장시간 집을 지키는 개의 경우 에너지가 남아도는 것이 원인일 수도 있습니다. 한편 불안이나 조바심 같은 스트레스로 인해 구멍을 파는 개도 있습니다.

가능하다면 남은 에너지를 운동이나 놀이 시간에 발산하도록 해 줍시다. 부재 중일 때도 혼자서 놀 수 있는 장난감 같은 것을 준비해서 반려견이 지루하지 않도록 환경을 마련해 줍시다.

씹는 장난감이나 음식이 담긴 콩 장난감 등 좋아하는 장난감을 준비해 둡시다.

**Tip** ## 테리어 종은 구멍파기의 달인입니다.

테리어의 어원은 라틴어로 땅과 대지를 나타내는 '테라'입니다. 테리어 종은 사냥을 할 때 오소리나 여우, 쥐의 소굴을 파서 몰아냈기 때문에 구멍파기가 대표적인 특기입니다. 다. 흙의 감촉도 좋아하기 때문에 땅에 있으면 더더욱 구멍을 파려 합니다.

# 쓰레기통을 뒤지거나 신발을 훔치고는 해. 우리 집 개는 장난을 좋아하는 걸까?

**주인의 냄새가 배어 있고 관심도 얻을 수 있기 때문입니다.**

쓰레기통을 뒤엎어서 내용물을 뒤지거나 현관에 놓아둔 신발을 들고 오는 개. '어째서 주인이 곤란해할 장난만 골라서 하는 거지?'라고 생각한 적은 없나요?

사실 이런 행동은 개의 입장에서는 '장난감을 가지고 놀 때는 관심을 안 주던데, 꼭 이런 일을 하면 관심을 주네'라고 생각하기 때문에 하는 것입니다. 늘 주인의 관심을 끌고 싶은 개는 그 일이 설령 혼나는 일이더라도 관심을 받기 위해 하는 것이지요. 특히 신발이나 양말, 세탁물 같은 것들을 종종 노리는 이유는 그런 물건들에서 마음이 차분해지는 주인의 냄새가 많이 나기 때문이기도 합니다.

**장난을 멈추게 하기 위한 방법을 고민해 봅시다.**

개는 음식 냄새에도 민감한데, 쓰레기통은 그런 냄새의 보고이기 때문에 개에게는 매우 매력적입니다. 배가 고프지 않아도 자연스럽게 '이건 뭘까? 먹을 수 있는 게 있으려나?'라는 호기심이 들기에 확인을 하고 싶어지는 것이지요. 특히 상온에 둔 쓰레기통 안에는 부패가 진행된 식품이 있는 경우도 있어 냄새가 더욱 강렬해지기 쉽습니다. 냄새가 강렬하면 개는 더욱 신경을 쓰게 됩니다.

쓰레기통을 뒤지는 행동을 멈추게 하고 싶다면 뚜껑이 달린 쓰레기통으로 바꾸고, 부패한 식품은 바로 처리해서 냄새를 최대한 없앱시다.

# 그래야 주인님이 나에게 관심을 가져 주는 걸.

무엇인가를 찾는 것은 아닙니다.

찾았어?

역시 코코가 갖고 있었어.

---

**Tip**

## 개에게는 코털이 없습니다.

개에게는 사실 코털이 없습니다. 개는 콧구멍을 자신의 의지로 닫을 수 있기 때문에 먼지 같은 것을 코털로 막을 필요가 없습니다. 먼지나 티끌이 코에 들어갔을 때는 재채기를 해서 밖으로 내보냅니다.

## Q66

# 왜 가구나 소파를 물어뜯는 걸까?

**강아지는 호기심이 왕성해서 물어뜯는 것입니다.**

강아지는 자신의 주변에 있는 모든 것이 전부 처음 보는 것이기 때문에 그것들에 대한 호기심이 강합니다. 그래서 '이건 뭘까?' 하고 냄새를 맡거나 이빨로 물어뜯으면서 주위의 것들을 살핍니다. 또한 생후 3주 즈음부터 나기 시작한 유치가 2개월 즈음에 다 나고, 5~7개월에 걸쳐 영구치로 다시 나기 시작하는데, 이 시기에는 잇몸이 가렵고 근질근질하기 때문에 물건을 물어뜯으면서 기분을 풉니다. 그러니 물어뜯으면 안 되는 것들은 강아지가 닿지 않는 곳에 두고, 가구 등은 커버를 씌워서 물어뜯지 못하도록 합시다.

### 🐾 강아지의 경우 🐾

강아지는 모든 것이 궁금합니다.

## A 집 안에 있는 모든 것이 나의 장난감이야.

**성견이 물어뜯는 것은 심심풀이 때문입니다.**

밖에 별로 나가지 않거나 집을 지키는 일이 많아지면 개는 한가함을 주체하지 못합니다. 자극이 적은 실내에서 어떤 활동이라도 하고 싶은 욕구나 사냥 본능을 발산시키지 못해 스트레스를 느낄 수도 있습니다. 그런 개에게 집안에 있는 씹는 재미가 있는 물건은 모두 장난감으로 제격이지요. 물어뜯는 행동을 방지하기 위해서는 개가 심심해하지 않도록 소가죽이나 나일론 재질의 장난감, 밧줄 모양의 장난감처럼 물어뜯어도 되는 장난감을 줘서 즐겁게 지낼 수 있는 환경을 마련해 줍시다.

### 성견의 경우

심심해, 이 가구라도 물어 뜯어 볼까….

# 산책을 하면
# 발톱을 깎을 필요는 없는 걸까?

**아스팔트 위를 충분히 걸으면 발톱이 마모됩니다.**

산책할 때, 콘크리트나 아스팔트 위만 걷는 개의 발톱은 조금씩 깎여 나갑니다. 그러나 아스팔트 위만 산책시킨다고 해서 발톱을 깎는 것이 필요하지 않다는 의미는 아닙니다. 왜냐하면 땅에 닿지 않는 발톱(며느리 발톱 등)도 있어서, 그 발톱만 마모되지 않고 자라게 되기 때문입니다. 또한 노견이 되어서 운동량이 줄어들면 산책을 통해 발톱이 짧아지는 정도가 줄어드므로 정기적으로 발톱을 깎을 필요가 생깁니다.

**흙 위를 달리는 것만으로는 발톱이 마모되지 않습니다.**

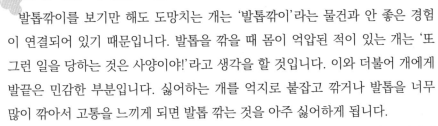

산책을 하면
발톱이 짧아지긴 하지만,
정기적으로 발톱을
깎아 줬으면 좋겠어.

**발톱깎이를 꺼내면 도망가는 것은 공포심 때문입니다.**

발톱깎이를 보기만 해도 도망치는 개는 '발톱깎이'라는 물건과 안 좋은 경험이 연결되어 있기 때문입니다. 발톱을 깎을 때 몸이 억압된 적이 있는 개는 '또 그런 일을 당하는 것은 사양이야!'라고 생각을 할 것입니다. 이와 더불어 개에게 발끝은 민감한 부분입니다. 싫어하는 개를 억지로 붙잡고 깎거나 발톱을 너무 많이 깎아서 고통을 느끼게 되면 발톱 깎는 것을 아주 싫어하게 됩니다.

발톱을 깎을 때는 무엇보다 억지로 하지 않도록 하며, 짧은 시간에 끝내면서 적응시킵니다. 새끼 시절부터 발톱을 하나 깎을 때마다 보상을 주거나 해서 발톱을 깎는 일과 기쁜 일을 연결시켜 좋은 이미지를 심어 줍시다.

자!

발톱을 깎을 때는 신경과 혈관이 통하지 않는 끝부분을 깎습니다. 핑크색 발톱은 혈관이 보여서 알기 쉽지만, 검은색 발톱은 알아보기가 어렵기 때문에 신중하게 깎도록 합시다.

# 비만은 만병의 근원!
# 통통한 개들은 주의합시다.

'통통하고 둥글둥글한 개가 귀여워'라고 생각하는 주인들은 주의가 필요합니다. 비만은 심장병이나 당뇨병 등의 원인이 되기도 하고 열사병 발병에 영향을 끼치기도 하므로 방치해 두면 안 됩니다.

개가 비만이 되는 주된 원인은 주인 쪽에 있습니다. 개는 당연히도 '너무 많이 먹으면 다이어트 해야 돼'라는 생각을 가지고 있지 않기 때문에, 주인이 책임감을 가지고 반려견의 건강을 관리해 줄 필요가 있습니다. 식사나 간식의 양, 운동량 등을 다시 한 번 되돌아봅시다.

반려견의 비만도를 측정하는 기준으로는 바디 컨디션 스코어(BCS)라는 것이 있습니다. 이는 반려견의 몸을 만지면서 감촉을 통해 비만도를 재는 방법입니다. 동물병원에 물어보면 알려 주니 꼭 한 번 확인해 봅시다.

# 착한 개로
# 지내면 좋겠어!
# 교육

사람과 함께 사는 데 있어서 필요한 룰은 교육을 시켜야 합니다.
사람과 개가 모두 즐겁게 생활하기 위해, 개의 이상한 행동과 그
대처법에 대해 알아 둡시다.

# Q68

# "이리 와"라고 불러도 오지 않아. 예전에는 왔었는데, 왜 그럴까?

**주인이 "이리 와" 하고 불렀을 때,
좋지 않은 일이 일어난다는 것을 학습한 것입니다.**

개는 '주인이 "이리 와"라고 불러서 갔더니 간식을 주거나 칭찬해 주면서 쓰다듬어 주네'라는 식으로 "이리 와"라는 말의 의미를 기억하고 있을 것입니다. 그런데 언젠가부터 "이리 와"라고 부른 뒤에 발톱을 깎거나, 싫어하는 목욕을 시키거나, 혼내지는 않았나요? 이렇게 매번 개가 싫어하는 일이나 꺼려하는 일만 계속된다면, 개는 '"이리 와"라고 말할 때는 안 좋은 일이 생겨'라고 생각하게 됩니다.

### 안 좋은 일이 생긴다고 생각합니다.

무섭지
않아~

160

## A 안 좋은 일을 당할 때도 있어서 고민하는 거야.

**"이리 와"라는 말 뒤에는 즐거운 일이 생길 것이라고 인식시킵시다.**

"이리 와"라고 말을 할 때 곁으로 오면 간식을 주거나 칭찬해 주거나 놀아 줘서 "이리 와"라는 말 뒤에는 반드시 즐거운 일이 기다리고 있을 것이라는 생각을 심어 줍시다. 밖에서 남에게 피해를 끼칠 것 같을 때나 위험한 장소로 가 버렸을 때 "이리 와" 신호는 큰 도움이 됩니다. 개의 안전을 위해서라도 "이리 와"라는 말을 통해 주인의 곁에 오도록 교육하는 것은 중요합니다. 반대로, 개가 싫어하는 일을 할 때 "이리 와"를 사용하면 나중에는 불러도 오지 않게 되니 상황에 따라 말합시다.

 **"이리 와"라고 하면 안 될 때**

이리와, 이리와~

동물병원

동물병원 같은 곳에 데려갈 때는 "이리 와" 신호를 사용하지 않고 데려갑시다.

161

## Q69

# 말을 안 듣는 우리 집 개는 바보인 걸까?

## 주인의 애매한 태도가 원인입니다.

개가 말을 듣지 않는 것은 머리가 나빠서도, 능력이 떨어져서도 아닙니다. 주인이 하는 말이 늘 애매하거나 이해하기 어렵기 때문에 전해지지가 않아서 그런 것입니다. 같은 행동을 지시하는데 여러 말들을 돌려 가며 쓴다면, 개는 혼란을 겪게 됩니다. 개는 사람이 하는 말의 의미를 이해하지 못합니다. '"앉아"라고 했을 때 앉았더니 칭찬해 줬다'라는 사고방식만 가지고 있기에 과거의 경험을 토대로 "앉아"라는 말에 제대로 반응하는 것이 가능해질 뿐입니다. 그러니 신호가 되는 지시어는 하나로 정해서 언제나 그 말로 연습하도록 합시다.

## 교육하는 신호로는 꼭 '알기 쉬운 신호'를 사용합시다.

"앉아"라고 했을 때 개가 앉으면 바로 칭찬합시다. 주인이 앉으라는 명령을 하면, 개의 머릿속에서는 주인이 말한 "앉아"와 '자신이 앉다'라는 동작이 연결됩니다. 그러면 개는 '이렇게 하면 칭찬을 받는다'라는 사실을 이해한 뒤에야 비로소 지시에 따릅니다. "앉아"라고 말했다가 "Sit"이라고 바꿔 말하거나, "ㅇㅇ야, 앉아야지"라고 말하는 등 가족들이 각각 제멋대로 지시를 하면 개는 어떻게 해야 좋을지 몰라서 혼란스러워할 뿐입니다. 신호는 개를 향해 명확하고 짧은 말로, 한 번만 말합시다.

## A 말하는 게 늘 제각각이니까 혼란스러워.

**레슨 1**    신호는 통일한다.

앉아야지.
Sit!
앉아!

"앉아야지"와 "앉아"가 같은 의미라는 사실을 아는 것은 사람뿐입니다. 개에게 가르칠 신호는 하나로 통일합니다.

**레슨 2**    신호는 1회만 전달한다.

앉아야지~
앉으라구~
앉으라니깐~

신호는 지속적으로 전달하지 말고, 짧고 간결하게 전달합니다.

163

# Q70

# 혼을 너무 내면
# 주인을 싫어하게 되지 않을까?

**혼을 내도 개에게는 전해지지 않을 때가 많습니다.**

개에게 '해서는 안 되는 일'을 가르치기 위해서는 때로는 혼내는 것도 필요합니다. 그러나 늘 버럭버럭 화만 낸다면 '오늘은 주인님의 기분이 안 좋네. 큰소리를 내는 주인님은 무서워'라고 생각하게 되어 신뢰 관계가 무너지게 됩니다.

또한, 큰소리를 내며 말로만 혼을 내 봤자, 주인이 무엇을 가르치려는지가 개에게는 전해지지 않습니다. 그러니 혼을 낼 때는 동시에 '무엇을 하면 될지'를 행동을 통해 반드시 가르쳐 줍시다.

## OK 잘한 행동을 칭찬한다.

잘했어, 잘했어~

칭찬할 기회를 될 수 있는 한 늘립니다. 칭찬받게 된다는 사실을 알게 되면 교육한 내용을 몸에 익힐 것입니다.

**늘 화내는 주인님은
별로 좋아하지 않아.**

### '즐거운 일은 반복하는' 것이 개의 습성입니다.

개를 포함해서 모든 동물에게는 '즐거운' 일을 계속해서 반복하는 습성이 있습니다. 어떤 행동을 할 때마다 즐거운 일이 생긴다면, 그 결과를 예측해서 스스로 행동을 반복하게 됩니다. 그러니 '얌전하게 기다리라는 말을 시행하고 있으면 칭찬받을 수 있다'라는 사실을 알게 되면 습관으로 몸에 익힐 것입니다.

교육을 통해서 개와 커뮤니케이션이 되어 신뢰 관계가 생긴다면 개도 즐겁게 트레이닝할 수 있습니다.

 **화를 내거나 억지로 따르게 한다.**

계속 혼나기만 하면 자신감을 상실하여 자신을 지키기 위해 공격을 할 수도 있습니다.

## Q71

# 산책을 가도 장시간 걷지 않으면 배변을 하지 않아.

**배변을 하면 즐거운 산책이 끝날 것이라고 생각합니다.**

산책을 나가도 개가 좀처럼 배변을 하지 않아서 고민하는 주인들이 많을 것입니다. 반려견이 좀처럼 배변을 하지 않는 것은 '배변을 하고 나면 즐거운 산책이 끝나 버릴 거야'라고 느끼기 때문입니다. 때문에 조금이라도 즐거운 산책 시간을 늘리고 싶어서 배변을 최대한 참는 것입니다.

그러나 산책은 배변을 위해 하는 것이 아닙니다. 될 수 있는 한 집에서 배변을 끝낸 뒤에 산책을 나가도록 합시다. 실내에서 배변을 하도록 교육해 두면 비가 오는 날이나 주인의 사정으로 인해 산책을 갈 수 없을 때, 혹은 반려견이 아플 때나 노견이 되었을 때도 곤란하지가 않습니다. 또한 냄새가 나는 배설물을 산책 중에 들고 걷는 일도 없어집니다.

**구호를 통해 배변을 통제합시다.**

주인의 구호에 따라 개가 배변할 수 있도록 교육을 해 둡시다. 개가 배변할 때마다 "원, 투, 원, 투" 같은 특정 구호를 외쳐 봅시다. 배변을 하면 칭찬을 하면서 보상을 주거나 산책을 데려가 줍니다. 이를 반복해서 "원, 투"라는 구호와 배변을 연결시킵시다. '주인님이 "원, 투"라고 말할 때 배변을 하면 보상을 받을 수 있다'라는 사실을 개가 이해하게 된다면 성공입니다.

**배변을 하면 산책이 끝나 버리니까 싫어.**

 구호를 통해 배변할 수 있게 만든다.

 원, 투~

개가 화장실에서 대변이나 오줌을 눌 때 구호를 외칩니다.

배변이 끝나면, 보상으로 개가 좋아 하는 산책을 나갑니다.

5 착한 개로 지내면 좋겠어! 교육

Q72

# 식사할 때만 "기다려"라는 말을 듣는데, 문제가 있는 걸까?

**개는 식사를 위해서만 "기다려"라는 말을 듣습니다.**

식사할 때는 "기다려"라는 말을 듣는데, 그 외의 상황에서는 안 듣더라…. 이는 개가 '음식이 없으면 기다리라는 말을 이행할 의미가 없어'라고 생각한다는 증거입니다. "기다려"라는 말 자체를 이해하는 것이 아닙니다. 개의 행동은 음식을 받기 위해 '대기'를 하는 것과 마찬가지입니다. 실제로 개와 함께하는 생활에서 "기다려"가 필요한 때는 도로로 뛰어드는 것을 막을 때와 같은 상황을 제외하고는 식사 때의 상황이 대부분이지요. 식사와 "기다려"라는 말을 따로 떼어 놓고 싶은 것이 주인의 마음일 것입니다.

**식사 외의 상황에 "기다려"를 도입해 봅시다.**

개에게 '보상'으로 다가오는 것은 식사뿐만이 아닙니다. 주인이 쓰다듬어 주거나 관심을 가져 주거나, 산책을 가는 것도 개에게는 반가운 보상입니다. 즐거운 놀이 도중에 "기다려" 같은 신호를 넣어 보고, 잘하면 칭찬해 주면서 식사 외 상황에서의 "기다려"를 연습해 봅시다. 보상으로 간식을 줄 것이라면 정말 조금만 줘도 괜찮습니다. 순식간에 날름 집어삼키겠지만, 그것만으로도 충분한 보상이 됩니다.

## A 음식이 없는데 기다리라는 말을 들어 봤자 의미가 없다고 생각하는 거야.

 **음식 이외의 보상에는 여러 가지가 있습니다.**

많은 개들에게 산책은 하루 중 가장 즐거운 시간입니다.

주인에게 칭찬받거나 좋아하는 장난감을 받는 것도 보상입니다.

## Q73

# 왜 초인종 소리에 짖는 걸까?

**'초인종 소리 = 누군가가 온다'라고 생각하는 것입니다.**

'우리 집 개는 초인종만 울리면 짖어서 큰일이야'라고 고민하는 주인들이 많을 것입니다. 일반적으로 '헛짖음'이라고 부르는데, 이는 어디까지나 사람 관점에서의 의견입니다. 개는 '쓸데없이' 짖지 않습니다. 짖는 행위에는 모두 의미가 있습니다. 그렇다면 왜 초인종 소리에 짖을까요? 초인종 소리에 짖는 것은 '초인종이 울리면 누군가가 온다'라고 생각하기 때문입니다. 구체적으로는 손님이 와서 반가워서 짖는 경우와, '침입자가 들어왔어!'라고 경계하며 짖는 경우 등이 있습니다.

**대처법** 짖지 않으면 좋은 일이 생긴다고 가르친다.

**1** 인터폰을 받고 말을 하는 연기를 개에게 보여 주면서 짖지 않으면 보상을 줍니다.

**2** 띠~동~ 초인종을 울린 뒤, 초인종 소리가 나도 짖지 않으면 보상을 줍니다.

## A 반갑거나 경계하거나, 둘 중 하나의 이유로 짖는 거야.

**초인종 소리에 익숙해지게 만듭니다.**

　호기심이 강한 강아지는 별로 짖지 않지만 5~6개월 정도가 되면 서서히 경계심이 싹터서 짖는 개가 많아집니다. 짖는 행동을 멈추게 하고 싶다면 다음과 같이 해 봅시다. 경계할 때와 기뻐할 때 모두 대처법은 같습니다. '초인종이 울렸을 때 짖지 않으면 좋은 일이 생긴다'라고 인식시키는 것입니다. 처음에는 초인종을 울리지 말고, 인터폰을 받는 척을 하는 행동부터 시작해서 서서히 초인종 소리에 적응시켜 나갑시다.

3 띵~동~

초인종을 울린 뒤에 가족이 들어오게 합니다. 반드시 손님이 오는 것은 아니라고 가르칩니다.

4

초인종이 울리고 손님이 왔을 때 짖지 않으면 보상을 줍니다.

## Q74

# "앉아"는 익혔는데 왜 다른 신호는 익히지 않는 걸까?

### 트레이닝은 조금씩 질리지 않을 정도로

아이 콘택트나 "이리 와", "앉아" 같은 것은 트레이닝에서 초보 단계에 해당합니다. 마음 같아서는 빨리 가르치고 싶겠지만, 개의 집중력은 사람과 달리 그렇게 길게 지속되지는 않습니다. 그러니 1~3분 정도의 트레이닝을 하루 4, 5회로 나눠서 연습하는 것이 좋습니다. 질릴 때까지 장시간 반복하면 역효과를 낳기만 할 뿐입니다. 개가 트레이닝을 즐겁다고 느끼면서 할 수 있도록 유도하는 것이 포인트! 칭찬을 자주 해서 개의 의욕을 이끌어 내며 트레이닝을 합시다.

**집중력이 오래 가지 않습니다.**

앉아!
3번 돌고
엎드려!

추욱….

제대로 가르쳐 주지
않으면 못 익힌다고!

**장소나 시간을 바꿔 가며 반복해서 합시다.**

"이리 와"나 "앉아"를 익혔다고 생각해도 의외로 다른 장소에서는 못할 때가 자주 있습니다. 완벽하게 몸에 익히기 위해서는 간단한 신호라도 여러 상황과 장소에서 반복해서 연습하는 것이 중요합니다. 어떤 방에서 잘됐다면, 다음에는 다른 방에서 같은 지시로 시도를 해 봅시다. 실내에서 트레이닝에 성공을 한다면 현관이나 바깥, 공원 같은 곳에서도 도전해 봅니다. 가족 외의 사람이 명령해 보거나 다양한 패턴으로 조금씩 난이도를 올려서 몸에 익게 합시다.

**난이도를 높인다면 보상도 업그레이드시켜 줍시다.**

난이도를 높이거나 새로운 신호를 연습할 때는 보상도 좀 더 업그레이드해서 개의 의욕을 끌어냅시다. 트레이닝을 끝낼 때는 개가 할 수 있는 지시를 내리고 칭찬을 해서 자신감을 붙게 하는 것이 포인트입니다.

 **Tip** **강아지보다 성견의 집중력이 더 높습니다.**

강아지는 교육하기가 쉽고 성견은 교육하기가 어렵다고 알려져 있습니다. 확실히 어릴 때부터 배워 온 학습이 새로운 학습을 방해하기도 하지만, 성견은 강아지보다 집중력이 더 길고 흥분하거나 지치는 일이 적습니다.

# Q75

# 방문자에게 짖는 이유는 낯을 가려서일까?

## 짖는 행동에는 반드시 이유가 있습니다.

개가 '짖는' 데는 반드시 이유가 있습니다. 큰 소리나 자극에 놀랐거나, 외로워서 동료들이나 주인을 부르거나, 주인에게 무엇인가를 요구하거나 하는 등이 대표적 이유입니다. 또한 먹잇감을 몰거나 주인에게 '먹이가 있어!', '침입자가 들어왔어!'라는 사실을 알리기 위해 짖는 경우도 있습니다. 낯선 방문자에게 짖는 것은 대부분 방문자를 침입자로 간주하고 '더 이상 이리로 들어오지 마. 저리로 가!'라고 경계를 하면서, 주인에게 침입자의 존재를 알리기 위한 행동입니다.

## 경계하며 짖는 것은 정상적인 행동

개가 낯선 상대에게 갑자기 공격을 가하는 경우는 거의 없습니다. 오히려 상대방과 싸우지 않고 쫓아내서 평화롭게 해결하고 싶어 합니다. 그렇기 때문에 낯선 사람을 경계하며 2, 3회 짖는 것은 개의 입장에서는 당연한 일입니다. 그러나 계속 짖을 경우에는 주위에 민폐가 되기 때문에 짖지 않아도 된다는 사실을 가르칠 필요가 있습니다.

> **Tip**  **아이에게 짖는 것은 아이가 어른과는 다른 생물로 보이기 때문**
>
> 어른밖에 없는 집에서 자란 개의 경우, 아이를 보면 어른과는 다른 움직임에 당황을 해서 짖는 경우가 많습니다. 또한 눈높이가 비슷하기 때문에 아이가 계속 바라보면 싸움을 거는 것이라고 착각하는 경우도 있습니다.

## A 조금 무서워서 경고의 신호를 보내는 거야.

개가 잠깐 짖은 뒤에 멈춘다면 "엎드려", "기다려" 같은 지시로 대응할 수도 있습니다. 그러나 장시간 계속 짖는 경우에는 미리 다른 방으로 옮겨서 하우스에 있게 하는 것도 좋습니다.

 **짖는 데는 반드시 이유가 있습니다.**

멍 멍 멍

착한 개로 지내면 좋겠어! 교육

# Q76

# 왜 청소기를 돌리면 도망가는 걸까?

## 정체를 알 수 없는 물건에 깜짝!

개는 청소기를 돌리면 무조건 도망가거나 짖지요. 이 행동은 왠지 모르게 기분 나쁜 물건이 갑자기 큰 소리와 함께 예측 불가능한 움직임을 보이니, 놀라서 두려워하기 때문에 하는 행동입니다. 실내에서 생활하는 개가 보기에, 집 안에는 정체를 알 수 없는 것들로 가득합니다. 청소기도 그중 하나입니다. 특히 강아지나 소형견의 경우에는 자신보다 큰 물체가 시끄러운 소리와 함께 쫓아오니, 그야말로 공포 그 자체입니다.

### 대처법
**청소기는 무섭지 않다는 것을 가르친다.**

위이이잉~

**1** 청소기를 가까이에 둔다.
청소기를 개와 가까운 곳에 둡니다. 그 옆에서 함께 놀면서 즐거운 일을 합니다.

**2** 소리에 적응시킨다.
청소기의 스위치를 눌러 소리에 적응시킵니다. 이때 청소는 하지 말고, 소리를 먼저 들려 줍시다.

## A 정체를 알 수 없는 소리나 움직임에 깜짝 놀라는 거야!

**조금씩 가까이 해서 익숙하게 만듭시다.**

　청소를 할 때마다 반려견이 도망가서 곤란한 사람은, 반려견에게 '청소기는 무섭지 않다'라는 사실을 가르쳐 줍시다. 일단은 청소기 그 자체에 적응시키기 위해 평소에 개와 가까운 장소에 청소기를 둡니다. 또한 청소기 근처에서 놀아주는 등 청소기와 즐거운 일들을 연결시키도록 합니다. 다만 좀처럼 익숙해지지 않는 경우나 스트레스를 느끼는 경우에는 청소를 할 때 다른 방에 옮기는 등 대처법을 바꿉시다.

**3**

위이이잉

**청소기를 돌린다.**
소리에 익숙해지면 일단은 개가 없는 다른 방부터 청소기를 돌립니다. 개와 거리를 두고 청소기를 돌리면서 서서히 거리를 좁혀 갑니다.

## Q77

# 이름을 불렀는데 아예 무시를 해. 우리 집 개는 반항기가 있는 걸까?

**놀이에 몰두해서 부르는데도 무시하는 것입니다.**

이름을 부르면 주인 쪽을 바라보거나 주인의 곁으로 오는 것은 교육의 첫 단계이지요. 그런데 부르는데도 돌아보지 않았을 경우에는 단순히 알아차리지 못했을 가능성이 높습니다. 특히 놀기 좋아하는 강아지들은 그런 경향이 강합니다. 그러나 주인의 목소리가 들릴 텐데도 돌아보지 않을 경우에는 주인과 함께 있는 것에 매력을 느끼지 못하거나, 불러서 갔더니 좋지 않은 일을 겪었던 경험 때문일 수도 있습니다.

**이름에 대해 안 좋은 이미지를 가지고 있을 가능성도 있습니다.**

이름을 불러서 주인 곁으로 갔더니, 싫어하는 목욕을 시키거나 혼을 내거나 하면 개는 더 이상 이름을 불러도 주인을 보지도 않고 곁에 오지도 않게 됩니다. 이는 '이름을 부른다 = 안 좋은 일이 생긴다'라고 머릿속에 입력이 되었기 때문입니다. 안 좋은 일이 일어날 것이라 생각하여 주인이 부르는 소리를 무시하는 것입니다. 개는 자신의 이름에 애착이 있지도 않으며 그렇다고 정체성을 느끼지도 않습니다. 안 좋은 일과 연관을 지어서 기억을 하게 되면 이름 그 자체를 '안 좋은 신호'로 생각하게 됩니다. 그러니 개의 이름과 즐거운 일을 연결해서 '주인님이 이름을 부르면 좋은 일이 생긴다'라고 인식시킵시다.

## A 즐거운 일에 푹 빠져서 알아채지 못한 거야.

 **이름에 좋은 이미지를 심어 줍시다.**

재롱아
~♡

이름을 부르거나 다정하게 말을 걸면서 쓰다듬어 줍시다. 주인의 곁에 있으면 즐겁다는 이미지를 심어 줍시다.

재롱아
~♡

이름을 부른 뒤 작게 찢은 간식을 줍니다. '이름 = 즐거운 일'이라고 생각하게 만듭시다.

# Q78

# 안으면 으르렁대거나 물던데, 안는 방법에 문제가 있는 걸까?

## 몸을 못 움직이는 상태가 싫은 것입니다.

개는 주인에게 안기면 기뻐할 것이라고 생각하시나요? 기꺼이 안기는 개도 있지만, 안기는 것이 익숙하지 않은 개도 있습니다. 동물은 본래 자신의 몸이 생각처럼 움직이지 않는 답답한 상태를 꺼려합니다. 안기게 되면 답답한 데다가 움직일 수가 없어지기 때문에 개는 무섭고 불안해집니다. 때문에 안는 방법이 불안정하거나 필요 이상으로 움직임을 억누르면 오히려 불안함이 더 커져서 '놔 줘!'라는 의미로 날뛰거나 깨물려고 하는 경우가 있습니다.

## 안는 행동은 같이 생활하는 데 있어서 중요합니다.

일상생활 중에는 브러싱이나 발톱 깎는 일 등 안은 뒤에 개의 몸을 어느 정도 고정시켜 두어야 하는 경우가 있습니다. 또한 동물병원에서는 안아서 진료대에 올려놓거나 주사를 놓을 때 움직이지 않도록 몸을 잡고 있을 필요가 있기 때문에, 안는 행동에 적응시키는 것은 매우 중요합니다. 안을 때는 개의 몸이 안정되도록 몸통이나 엉덩이를 밑에서 확실히 받칩니다. 싫어하면서 날뛰면 떨어져서 부상을 입을 수도 있기 때문에, 처음에는 바닥에 앉아서 연습을 합시다. 또한 안는 사람이 긴장하면 개도 덩달아 긴장하기 때문에 편안하게 안는 것도 중요합니다.

**움직이지 못하는 건 답답해서 싫어.**

 **겨드랑이 밑에서 안아 올린다.**

개의 옆에 서서 겨드랑이 밑으로 손을 넣어 안아 올립니다.

 **앞다리를 들어서 안는다.**

꽉

개의 앞다리를 당기면 위험합니다. 관절 손상이 올 수 있습니다.

# 식사 시간만 되면 짖는데…
# 밥을 줘도 될까?

## 개는 식사 시간을 기억합니다.

매일 정해진 시간에 식사를 주면, 개는 밥을 먹는 그 시간을 기억하기 때문에 시간이 지나면 주인에게 밥을 달라고 울며 재촉할 때가 있습니다. 개가 짖으면서 요구를 할 때는 가능한 한 밥을 주지 맙시다. 시간 설정을 조금 느슨하게 잡아서 개가 짖기 전에 밥을 주는 방법도 짖는 행동을 멈추는 데 효과적입니다. 가끔 '개의 식사 시간을 지키기 위해 주인이 개보다 먼저 밥을 먹어야 한다'라는 방식을 주장하는 사람도 있지만, 글쎄요…. 이는 현명한 방법은 아니라고 말하고 싶습니다. 주인이 개의 요구에 쫓겨서 밥을 서둘러 먹는 것은 이상한 일이 아닐까 싶네요.

 **짖을 동안에는 무시합니다.**

개가 짖을 동안에는 무시를 하고,
얌전해지면 밥을 줍니다.

## 짖으면 밥을 받을 수 있다고 생각하는 거야.

**조용해질 때까지 기다립니다.**

가능하다면 짖는 동안에는 개에게 관심을 주지 말고 무시를 합시다. 처음에는 짖는 것이 점점 더 심해질 수도 있지만 꼭 참고 무시해야 합니다. 여기에서 주인의 마음이 꺾이게 되면 '뭐야, 계속 짖으면 받을 수 있잖아? 다음에는 더 열심히 짖어야지!'라고 생각하게 됩니다. 그러니 얌전해질 때까지 끈기 있게 기다리고, 조금이라도 얌전하게 있으면 칭찬해 주도록 합시다. 얌전하게 있어야 빨리 밥을 받을 수 있다는 사실을 개가 알아차리게 하는 것이 포인트입니다.

**NG** 시끄러우니까 준다.

한 번이라도 밥을 주면, 다음에도 짖으면 받을 수 있다고 생각하게 됩니다.

# 부재중일 때 짖는 건 외롭다는 신호?

## 주인이 없어서 불안해하는 것입니다.

　주인이 부재중일 때 짖는 이유로는 바깥 소리에 반응하는 것이거나, 심심풀이로 짖는 것이거나, 외로워서이거나 정도의 세 가지 원인을 들 수 있습니다. 짖는 행동이 습관이 되었다면 외로워서 울 가능성이 높습니다. 개는 새끼일 때는 주인을 찾아 울 때가 있지만, 자라면서 점차 잦아듭니다. 그러나 성견이 되어서도 계속 짖어서 주인을 찾으면 이웃에게 피해를 끼칠 뿐만이 아니라 개도 스트레스가 쌓여서 고통스럽습니다. 개에 따라서는 주인이 곁에 없으면 불안해져서 몸 상태가 나빠지거나 집에 있는 물건을 부수는 등의 문제 행동을 하는 경우도 있습니다. 그러한 개의 행동을 분리 불안이라고 합니다.

## 분리 불안의 원인은 여러 가지

　개는 원래 동료들과 함께 생활하던 동물입니다. 때문에 기본적으로 혼자 있는 것을 꺼려하고 혼자 지내는 것에 좀처럼 적응을 못합니다. 특히 주인이 늘 옆에 붙어 있는 생활을 하다 보면, 주인이 보이지 않는 것만으로도 불안을 느낍니다. 그 밖에도 원래 불안을 잘 느끼는 성격이거나 새끼 시절에 일찍이 어미로부터 떨어지게 된 것도 영향을 미칩니다. 혼자 지내는 시간을 조금씩 늘리면서 적응하게 되는 경우도 있지만, 심한 경우에는 전문가에게 상담을 받는 것도 좋습니다.

**A** 혼자 있으면
외롭고 불안해.

**불안한 마음은 다양한 행동으로 나타납니다.**

**계속 짖는다.**
주인의 모습이 보이지 않으면 방 안을 우왕좌왕하면서 계속 짖습니다.

**물건을 부순다.**
쓰레기통을 뒤엎거나 가구나 쿠션 등을 망가뜨립니다.

**다리를 계속 핥는다.**
몸의 일부분을 계속 핥습니다. 한 곳만 계속 핥으면 피부염 등의 원인이 됩니다.

**식욕이 없다.**
주인이 부재중일 때나 펫 호텔 같은 곳에 맡겼을 때 밥을 먹지 않는 것도 스트레스를 받고 있다는 신호 중 하나입니다.

**오줌을
아무 곳에나 눈다.**
평소에는 소변을 정해진 장소에서 잘 누는데 부재중일 때만 아무 곳에 눕니다.

# 배뇨 교육은 완벽한데, 아무 곳에나 오줌을 누는 이유는 무엇일까?

## 정신적인 불안으로도 오줌을 아무 곳에나 눌 수 있습니다.

배뇨 교육이 완벽한 개라도 실수를 하는 경우는 결코 드문 일이 아닙니다. 이사를 하거나 집을 리폼해서 환경이 바뀌거나, 또는 새로운 가족이 생기거나 하는 등의 생활의 변화 때문에 불안함이나 외로움을 느껴서 오줌을 아무 곳에나 누는 경우도 있습니다. 또한 흥분했을 때나 공포를 강하게 느꼈을 때도 실수를 합니다. 이외에도 주인의 관심을 받고 싶어서 일부러 실례를 하는 경우나, 방광염 같은 병이 원인인 경우도 있습니다.

## 불안 요소를 제거해 줍시다.

아무 곳에나 오줌을 눈다고 해서 혼내는 것은 역효과를 발생시킵니다. 혼을 내면 개는 자신감을 잃고 더욱 불안해져서 배뇨하는 행동 자체를 하면 안 되는 행동이라고 생각하게 될 수도 있습니다. 오줌을 정해진 장소 외의 곳에 누었을 때는 실수의 원인을 찾아내서 그 원인을 해결해 주는 것이 첫 번째로 해야 할 일입니다. 노견일 경우, 괄약근이 느슨해져서 실수를 하는 경우도 있지만 병일 가능성도 있으니 몸 상태를 꼼꼼히 확인합시다.

제 시간에 오줌을 누지 못했거나, 화장실까지 가기에 너무 멀거나, 방광염이나 배뇨통 때문에 실수하는 경우도 있기 때문에 실수가 계속되면 동물병원에서 상담을 받아 보는 것도 좋습니다.

# A 흥분하거나 불안할 때도 실례를 하게 돼.

  **오줌을 흘리는 원인에는 여러 가지가 있습니다.**

착한 개로 지내면 좋겠어! 교육

반가워~

전에는 여기가 화장실이었던 것 같은데….

배뇨 환경의 변화나 흥분 때문에 오줌을 흘립니다.

187

# Q82

# 장난감을 물고는 놓지를 않아. 힘으로 뺏어야 할까?

## 터그 놀이에 열중한 나머지, 힘이 들어간 것입니다.

개는 주인과 노는 것을 매우 좋아합니다. 뛰거나 점프를 하면서 몸을 움직이는 것이 즐거운 일임은 당연하거니와 공을 쫓거나 숨긴 것을 찾아내면서 개가 본래 지니고 있는 사냥 본능에 대한 욕구가 채워지는 것은 큰 기쁨이지요. 그러나 너무 재미있어서 열중을 하면 개는 흥분을 억누를 수 없게 될 때가 있습니다. 이를 막기 위해서라도 놀이의 주도권은 주인이 쥐도록 하고 공이나 로프, 프리스비 같은 장난감 관리도 주인이 하도록 합시다.

개가 장난감을 들고 와서 놀자는 요구에 따라서 놀지 말고, 놀이 시간의 시작과 끝 모두 주인이 결정합시다. 장난감도 개가 가져온 것이 아니라 주인이 정한 것으로 놀도록 하고 놀이가 끝나면 반드시 정리하도록 합시다. 재미있는 장난감을 가지고 놀 수 있는 때는 주인과 놀 때뿐이라는 사실을 개가 이해하게 되면, 놀이 시간에 더욱 집중할 수 있어서 주인과 노는 시간이 보다 즐거운 보상으로 다가올 것입니다.

# 너무 재미있어서 흥분하는 거야.

## 주인이 놀이의 주도권을 가집시다.

개와 놀아 줄 때는 개가 너무 흥분하기 전에 주인이 냉정하게 조절하는 것이 중요합니다. 개는 계속 놀면 흥분이 점점 심해져서 달려들거나 무는 등의 행동이 나오기 쉬워집니다. 그러니 처음에는 노는 시간을 짧게 잡아서 5분 정도 놀고, 휴식을 한 뒤에 다시 5분 정도를 놀아 주는 식으로 합시다. 흥분을 가라앉히는 시간을 넣으면 개의 흥분이 정점에 다다르지 않으며 차분해질 수 있습니다. 그렇게 조금씩 노는 횟수를 늘려 나가면 '주인님이 또 놀아 줬어'라고 느끼게 되어 개도 만족할 수 있을 것입니다.

### 놀이는 개가 너무 흥분하기 전에 멈춥시다.

착한 개로 지내면 좋겠어! 교육

5

# 천둥이나 불꽃에 놀라는 우리 집 개, 겁쟁이일까?

## 개는 큰 소리에 깜짝 놀랍니다.

개는 천둥이나 불꽃을 싫어합니다. 갑자기 울리는 큰 소리에 공포를 느끼기 때문이지요. 그중에는 패닉 상태가 되어 온 집을 뛰어다니면서 날뛰거나, 밖으로 나가려고 하거나, 오줌을 누는 개도 있습니다. 신경질적인 개나 불안함을 잘 느끼는 개에게는 큰 스트레스가 됩니다.

## 주인이 당황하면 개도 불안해합니다.

개는 주인과 함께 있으면 편안함을 느끼기 때문에, 개가 무서워할 때는 곁으로 불러서 함께 놀거나 "앉아", "엎드려" 같은 재미있는 트레이닝을 하며 같이 있읍시다. 반대로 "괜찮으려나?" 하면서 불안해하면 개는 더더욱 불안해지게 되니 불안함을 표출하지는 맙시다.

또한 편안한 장소를 마련해 주면 불안함을 느낄 때 그곳에 잠자코 있는 법을 익히는 개도 있습니다. 만약 개의 불안이 심할 경우에는 전문가에게 한번 상담을 받는 것도 좋습니다.

**A** 정체를 알 수 없는
큰 소리가 무서워서
견딜 수가 없어.

 재미있는 트레이닝을 한다.

앉아.
엎드려.

**Tip** **천둥보다도 정전기를 더 싫어한다는 설이 있습니다.**

일반적으로 개가 천둥을 무서워하는 이유는 큰 소리가 원인이라고 알려져 있습니다.
그러나 그 밖에도 기압이 변화하면서 몸 상태에 영향을 미쳤거나 개의 몸에 정전기가
생겨서 그것이 불쾌함을 일으키는 것이 아닌가 하는 설도 있습니다.

# 도대체 자기 대변을
# 왜 먹을까?

**대부분 아주 큰 문제가 있는 행동은 아닙니다.**

'더러운 대변을 왜 먹는 거야?'라고 의문을 가질 수도 있겠지만, 개는 사람처럼 '똥은 더러워, 냄새 나'라고는 생각하지 않습니다. 개가 자신의 대변을 먹는 모습은 의외로 종종 볼 수 있는 모습입니다.

대변을 먹는 이유로는 여러 가지를 들 수 있습니다. 속이 안 좋아 충분히 소화되지 않은 음식이 대변에 남아 있는데 그 음식 냄새에 이끌려서 먹거나, 심심풀이로 먹었다가 버릇이 된 경우도 있습니다. 그 밖에도 대변을 먹었을 때 주인이 야단법석을 떨었던 것을 기억해서, 관심을 받기 위해 먹는 경우도 있습니다.

으으…

냄새나….

192

**대변을
더러운 것이라고는
생각하지 않아.**

## 대변을 누면 바로 치웁시다.

대변을 먹는 것이 버릇이 되는 개도 있기 때문에 그렇게 되기 전에 먹을 기회 자체가 없도록 해 두는 것이 가장 좋습니다. 배변 후에는 바로바로 치웁시다.

샤샤샥

개가 배변 장소에서 멀어지면, 눈치 채지 못하는 사이에 재빠르게 대변을 치웁니다.

 **Tip** **외로움 때문에 설사를 하는 경우도 있습니다.**

개에 따라서는 주인이 집에 없으면 외로움으로 인해 설사를 하는 경우도 있습니다. 설사는 약으로 낫기는 하지만 정신적인 스트레스는 약으로 해결이 안 됩니다. 개가 스트레스를 받지 않도록 혼자 있는 상황에 조금씩 적응시켜 나갑시다.

# 몇 번이나 혼을 냈는데도 개의 흥분이 가라앉지를 않아. 일부러 그러는 걸까?

## 개는 감정을 그대로 드러내는 동물입니다.

엄청 흥분해 있는 개를 보고 있으면 '기쁜 건 알겠는데 조금 진정할 순 없을까?'라는 생각이 들고는 합니다. 그러나 개는 사람과 달리 감정을 억누르는 방법을 모릅니다.

개의 기억력이나 능력은 인간의 2~3세 아이 정도로 알려져 있습니다. 그러나 '기쁘다', '화나다', '슬프다', '즐겁다'와 같은 감정들을 느끼는 정도는 인간과 거의 같습니다. 개도 사람과 마찬가지로 희로애락을 느끼면서 생활합니다. 다만 개는 상대방의 속마음을 찌르거나 심리를 탐색하는 복잡한 것까지는 생각하지 못하기 때문에 '사실은 기쁘지만, 쌀쌀맞은 척하자' 같은 복잡한 생각에 의거한 행동은 하지 않습니다. 기쁠 때는 '기쁘다', 외로울 때는 '외롭다'라고 그때그때의 감정에 따라 솔직하게 표현하고 행동합니다.

어서와! ♡

## 관심을 가져 주면 기뻐!

### 냉정한 태도로 대합시다.

　기쁜 마음으로 주인에게 달라붙어 장난치는 개가 사랑스럽기는 하지만, 달려드는 행동은 가족 중에 아이나 노인이 있으면 부상이나 사고로 이어질 가능성이 있기 때문에 위험합니다. 그러니 기쁠 때도 얌전하게 있을 수 있도록 조절해 줍시다. 개가 흥분해 있을 때는 상대를 해 주지 말고, 개가 얌전해지면 상대를 해 주도록 합니다. 얌전하게 있어야 주인이 관심을 가진다는 사실을 알려 줍시다.

**흥분이 식을 때까지 상대해 주지 않습니다.**

어라?
상대해 주지
않는 거야?

Q86

# 자동차를 엄청 싫어하던데, 이건 타고난 특성일까?

## 싫어하는 이유는 여러 가지입니다.

자동차를 싫어하는 이유는 개에 따라 여러 가지가 있습니다. 자동차의 냄새를 싫어하거나, 문의 개폐음 및 엔진 소리를 무서워하거나, 또는 차멀미를 한 적이 있거나 등의 이유들이 있습니다. 개는 사람과 비교했을 때 몸이 가벼운 데다가 '다음 모퉁이에서 좌회전이야' 같은 예측도 하지 못하기 때문에 자동차의 진동에 영향을 받기도 더 쉽고 차멀미를 하기도 더 쉽습니다. 개의 안전과 차멀미 방지를 위해서라도 드라이브 중에는 휴대용 가방이나 크레이트에 넣어 줍시다.

## '자동차 = 즐거운 곳'이라고 인식시켜 줍시다.

자동차를 싫어하게 되는 특별한 원인으로는 동물병원이 있습니다. 차에 타면 늘 동물병원에 데려갔기 때문에 이 경험에서 자동차가 안 좋은 이미지로 이어지는 경우가 있습니다. 큰 차는 놀러 갈 때, 작은 차는 동물병원에 갈 때로 용도를 나눠 놓으면 작은 차에 타는 것만 싫어하는 경우도 있습니다.

과거의 안 좋은 기억과 연관을 지어서 차를 싫어하게 된 경우에는 '자동차는 즐거운 일을 하는 곳'이라고 다시 가르칩시다. 세워 놓은 차 안에 개를 태운 뒤, 장난감을 가지고 놀거나 간식을 주면서 함께 보냅니다. 괜찮아 보인다면 가까운 공원으로 나가서 '차에 타면 즐거운 곳으로 데려다 주는구나' 하는 이미지를 심어 줍니다. 평소에는 차 자체에 적응을 시키고, 시간을 들여서 드라이브를 좋아하게 만듭시다.

**A** 즐거웠던 추억이
없으니까 **타기 싫은 거야.**

개는 정확히 기억하고 있습니다.

외출~♪

큰차

동물병원

작은차

# 왜 동물병원을 싫어할까?

## 아파…, 무서워…, 등 과거에 겪었던 안 좋았던 경험을 기억하기 때문입니다.

　동물병원에 데려가기가 정말 힘든 개가 많을 것입니다. 이는 개가 가지고 있는 동물병원에 대한 기억이 '여기 왔을 때 정말 아팠어. 무척 안 좋은 일을 당해서 괴로웠어'이기 때문입니다. 과거의 경험을 통해 '또 그런 일을 당하게 된다면 견딜 수 없을 거야…'라는 생각을 하면서 동물병원을 싫어하게 된 것입니다. 이와 더불어 병이나 부상, 예방 접종을 할 때는 억지로라도 데려가기 때문에, 이미지가 더욱 안 좋아지는 악순환이 이어집니다. 동물병원을 싫어하게 되면 주인도 데려갈 때 굉장히 힘들기 때문에 응급 상황이 일어나지 않는 한 병원에 데려가지 않게 되죠. 이렇게 되면 결국 1년에 한 번 예방 주사 정도만 맞힐 때만 가니 적응을 하기는 더욱 어려워질 것입니다.

## 새끼 시절부터 동물병원에 적응시킵시다.

　개가 동물병원에 대해 가지고 있는 이미지를 좋게 만들기 위해서는 동물병원과 즐거운 일을 연결시켜서 기억하게 하는 것이 좋습니다. 새끼 시절부터 동물병원을 산책 경로에 포함시키거나 병원 앞에서 간식을 주면서 익숙하게 만듭시다. 검진이나 상담, 펫 교실 같은 것이 있으면 그것을 이용하면서 동물병원이라는 곳에 익숙해지도록 하는 것이 좋습니다. 아프거나 괴로울 때만 동물병원에 데려가면, 안 좋은 기억만 연결해서 입력합니다.

# 안 좋은 경험을 했기 때문에 기억하는 거야.

**병원 현관이나 대기실에서 음식을 준다.**

병원이란 좋은 곳이구나~♡

병원 현관이나 대기실에서 음식을 줍니다. 좋은 일이나 즐거운 일을 연관 지어 줍시다.

대처법2

**직원이 개에게 음식을 주게 한다.**

친절한 언니네~♡

병원 직원이 개에게 음식을 주도록 해서, 안면을 트게 하면서 익숙하게 만듭니다.

**Tip** 개는 몸 상태가 안 좋아도 참는 동물

야생에서는 적이 약점을 알면 생명에 지장이 생겼기 때문에 개는 건강한 척 행동하는 습성이 있습니다. 조금 아프더라도 참기 때문에, 반려견의 미묘한 몸 상태의 변화를 놓치지 않도록 항상 주의를 기울입시다.

# 운동 욕구를 채워 주고
# 교육에도 도움이 되는
# 어질리티(Agility) 놀이

어질리티 놀이란 사람과 개가 한 쌍을 이루어서 하는 장애물 경주로, 직역하면 '민첩', '경쾌'라는 의미가 있습니다. 영국에서 탄생한 유서 깊은 개 스포츠로, 개를 좋아하는 사람의 증가와 더불어 매해 경기의 종류도 많아지고 레벨도 높아지고 있습니다.

어질리티 코스에는 주름이 잡힌 터널이나 허들, 점프대 같은 10~20개의 장애물이 설치되어 있습니다. 이런 장애물들을 주인의 지시에 따라 얼마나 정확하고 빠르게 골인할 수 있는지를 겨루는 것이 어질리티의 핵심입니다. '달리기', '올라가기', '뛰어넘기'처럼 개가 가진 다양한 활동 욕구를 채워 주는 요소가 많이 포함되어 있는 것도 특징 중 하나입니다.

어질리티는 개가 좋아하는 놀이이기도 하지만 '주인의 지시를 듣는다'라는 교육의 연장선상에 있는 놀이입니다. 기본적인 교육 트레이닝에도 도움이 되므로, 매일 놀 때마다 어질리티를 도입해 보는 것도 좋습니다.

# 견종별로 가진 신기한 특성

타고난 능력이나 몸의 특징은 견종에 따라 각양각색입니다. 견종의 조상이나 특징을 알아 두면, 개의 이상한 행동에 대한 수수께끼가 풀릴 것입니다.

# 복슬복슬 긴 털을 가진 개는 걷기 어렵지 않을까?

### 긴 털을 가진 데는 이유가 있습니다.

견종은 목양견, 사냥견, 애완견 등 목적별로 각각 적합한 능력이나 신체적 특성을 갖추고 있습니다. 예를 들면, 목양견이었던 셰틀랜드 쉽독이 가진 거칠고 덥수룩한 털은 내구성이 뛰어난데 비나 안개 속에서도 무리 없이 맡은 일을 할 수 있도록 몸을 보호해 줍니다. 한편 물속에서의 작업이 특기인 골든 리트리버는 두꺼운 털을 가지고 있는데, 이는 몸이 식지 않도록 체온을 유지시켜 줍니다. 털 길이에는 모두 나름의 이유가 있습니다.

### 털 손질이나 실내 환경 조성에 신경을 씁시다.

장모종은 털 손질에 손이 많이 갑니다. 털이 부드러워서 티끌이나 먼지가 달라붙기 쉽고 털 뭉치도 생기기 쉽기 때문에 매일 브러싱을 해야 합니다. 전용 브러시를 써서 뿌리까지 정성껏 브러싱을 해 줍시다. 또한 장모종은 더위와 습도에 약하기 때문에 에어컨으로 실내 온도를 조절해 주는 것도 잊지 맙시다.

**Tip** **추위에 강한 견종 중에서도 추위를 잘 타는 개가 있습니다.**

일반적으로 추운 지방 출신의 견종은 추위에 강하지만, 현재의 주거 환경이 따뜻하면 자연스럽게 추위에 약해집니다. 개는 실내 온도를 조절할 수 없기 때문에 주인이 신경을 써 줄 필요가 있습니다.

## A 내구성이나 체온 조절 등, 긴 털에는 다 의미가 있어.

 **장모종 사육 시의 핵심 포인트**

**실내 온도는 25~28℃로**
장모종은 더위나 습기에 약하기 때문에 여름철에는 특히 실내 환경을 더욱 신경 씁시다. 방 온도로는 25~28℃가 가장 쾌적한 온도입니다.

늘 깔끔하게 하고 있어야지~

기분 좋아~♥

**브러싱은 틈틈이**
장모종은 털에 먼지나 티끌이 달라붙기 쉽고 털이 엉키기도 쉽기 때문에 브러싱과 코밍을 통해 털을 꼼꼼히 제거하며 관리를 합니다.

## Q89

# 옷을 입히는 건 개에게 불쌍한 일일까?

**옷을 입히는 것에는 여러 가지 장점이 있습니다.**

개에게 옷을 입히는 것이 '주인의 자기만족이나 취미를 위한 것'이라고 생각하는 사람들도 있겠지만, 옷을 입히는 것의 장점으로는 이외에도 여러 가지가 있습니다.

우선 털이 짧은 개일 경우, 옷이 여름에는 직사광선이나 복사열로부터 몸을 지켜 주는 역할을 하며 겨울에는 방한 역할을 합니다. 이탈리안 그레이하운드나 도베르만처럼 털이 아주 짧은 개는 여름철에 에어컨 바람에도 추위를 타기 때문에, 경우에 따라서는 여름에도 옷을 입힐 필요가 있습니다. 또한 옷을 입히면 털날림도 상당히 줄어듭니다. 비오는 날의 경우에는 레인코트를 입히면 레인코트가 흙받이 역할도 하기 때문에, 산책한 뒤를 생각한다면 주인의 부담이 훨씬 줄어들기까지 합니다.

**옷을 입기를 겁내지 않는 개로 만듭시다.**

옷을 입히기 위해서는 먼저 몸을 만지는 것에 익숙해지는 것이 중요합니다. 주인이 몸의 어떤 부분을 만지더라도 싫어하지 않고 '안심'할 수 있게 된다면 유대감도 깊어집니다. 그러니 반려견에게 옷을 입히기 전에 먼저 가슴, 등, 다리, 꼬리를 부드럽게 만지는 것에 적응시킵시다. 만져도 싫어하지 않아 보이면 민소매 타입의 옷부터 시도합니다. 소매가 없는 옷은 앞다리를 집어넣을 때 고생하지 않습니다. 소매가 있는 옷은 민소매에 익숙해진 다음에 도전해 봅시다.

## A 옷이 필요한 개도 있어.

옷은 멋을 위해서만 입히는 것은 아닙니다.

**Tip** 정전기 때문에 옷을 싫어할 수도 있습니다.

옷을 벗길 때 지지직거리며 정전기가 일어날 때가 있는데, 개는 이 정전기를 매우 싫어합니다. 화학 섬유로 된 옷을 입으면 정전기가 생기기 쉬우므로, 가능하다면 천연 소재로 된 옷을 입혀 줍시다.

# Q90
# 믹스견이 순종견보다 더 건강한 걸까?

## 순종견이든 믹스견이든 차이는 없습니다.

일반적으로 '믹스견(잡종)은 건강하다'라고 알려져 있는데, 이는 큰 오해입니다. 순종견과 믹스견의 건강상 차이는 없으며, 그렇다고 사육법에 차이가 있지도 않습니다. '믹스견이 건강하다'라는 말은 미신일 뿐입니다.

믹스견의 몸의 크기나 외모가 어떻게 될지는 다 크기 전까지 알 수 없는 경우가 대부분입니다. 물론 발 크기 같은 것을 통해서 성장했을 때의 크기를 어느 정도 예측할 수는 있지만, 정확한 방법은 아닙니다. 그렇지만 어떤 용모든 간에 그 용모가 전 세계에서 오직 하나뿐이라는 것은 믹스견만이 가진 매력이라고 할 수 있습니다.

## 개에게도 유전성 질환이 있습니다.

순종견은 종이 가진 뛰어난 성질뿐만이 아니라 유전성 질환을 부모에게서 이어받았을 수도 있습니다. 특히 강제로 번식을 많이 하는 인기 견종에서 그런 경향이 많이 보입니다. 이는 유전성 질환을 고려하지 않고 본래의 목적에서 벗어나 장사를 목적으로 브리딩(번식)을 시킨 결과입니다.

가능한 한 건강한 강아지를 얻기 위해서라도 신뢰할 수 있는 브리더와 펫 숍, 수의사와 상담을 해서 유전성 질환을 제대로 알아 둡시다.

## A 믹스견이라고 꼭 순종견보다 건강한 것은 아니야.

  **믹스견이 뒤떨어진다는 이야기도 사실이 아닙니다.**

순종견이든 믹스견이든 다똑같아. ♬

**견종별**

## Q91

# 다리가 짧은 웰시코기는 장시간 산책을 하면 힘들어할까?

### 웰시코기는 소를 몰던 혈기 왕성한 개

엉덩이를 실룩실룩거리면서 걷는 모습이 귀여운, 긴 몸통과 짧은 다리의 소유자 웰시코기. '다리가 짧으니까 오래 걸으면 힘들 거야'라고 생각하기 마련이지만, 이는 크나큰 착각입니다. 웰시코기는 그 작은 몸만 봐서는 상상도 못할 만큼 활발하고 에너지가 넘칩니다. 웰시코기는 옛날에 농가에서 키우던 작업견으로서 주로 소를 몰고 밭의 작물을 지키는 일을 했기 때문에, 오히려 가만히 있는 것을 견디지 못합니다. '장시간의 산책은 힘들 거야'라는 생각에 산책 시간을 줄이면 웰시코기는 스트레스를 받게 될 것입니다.

### 몸이 길고 다리가 짧은 개는 등뼈를 다치기 쉽습니다.

웰시코기나 닥스훈트처럼 몸이 길고 다리가 짧은 개는 등뼈를 다치기 쉽기 때문에, 등뼈에 부담이 가지 않도록 주의가 필요합니다. 특히 소파에서 뛰어내리는 행동이나 점프 운동, 비만은 등뼈에 불필요한 부담이 가기 때문에 신경을 써줍시다.

**Tip** **웰시코기는 웨일즈어로 '자그마한 개'라는 뜻!**

웰시코기라는 이름은 웨일즈어인 'Welsh(웨일즈의) Corgi(자그마한 개)에서 유래했습니다. 펨브룩(Pembroke)과 카디건(Cardigan) 두 가지 변종이 있습니다. 이중 펨브룩 웰시코기는 현재 영국 왕실에서 사랑받고 있는 개이며, 영국 왕실을 상징하는 로얄도그(Royal Dog)로 유명합니다.

## A 다리는 짧지만 체력에는 자신 있어!

 **옛날에는**

소를 몰 때 재빨리 소의 발 밑으로 파고들었습니다.

 **현재에는**

옛날의 습성이 남아서, 흥분하면 다른 개나 주인의 다리를 무는 경우도….

## Q92

# 우리 집 개는 엄청 활발하더라고. 소형견은 키우기 편한 거 아니었어?

### 실내와 실외에서의 활동성에는 차이가 있습니다.

중, 대형견과 비교했을 때 소형견 중에는 운동량이 적은 견종이 많은 것이 사실입니다. 그러나, 그렇다고 해서 얌전하다는 의미는 아닙니다. 소형견 중에 많이 보이는 타입이 있는데, 바로 밖에서는 얌전한데 집안에서는 여기저기를 헤집고 돌아다니며 활발하게 행동하는 타입입니다.

이런 타입의 소형견들은 밖에서는 기가 죽어 가만히 있지만, 집안에서는 활발하게 돌아다니지요. 몸이 작기 때문에 활발하다고 해도 다루기 쉽다고 생각하는데, 작은 몸으로 촐랑촐랑 돌아다녀서 잡기가 어렵고 통제하기가 힘든 면도 있습니다. 그러니 개를 선택할 때는 견종에 따른 특징을 잘 확인합시다.

### 소형견에도 여러 가지 타입이 있습니다.

**치와와**

체중은 고작 1~3kg 정도로 작은 몸과 글썽글썽한 눈동자 때문에 연약한 이미지이지만, 사실은 에너지가 넘치고 자기주장이 강한 견종입니다. 몸이 작아서 온도 변화에 민감하기 때문에, 실내 환경에 많은 신경을 써야 합니다.

밖에서는 얌전해도
집에서는 활발한
타입이 많아.

**파피용**

요정의 날개처럼 아름다운 귀를 가지고 있으며 섬세하고 느긋한 인상의 파피용. 그러나 실제로는 밝고 활발하며, 사회적이고 기가 센 면도 있습니다. 영리하고 외우는 것도 빨라서 가르치면 여러 가지를 바로바로 익힙니다.

**말티즈**

비단처럼 새하얀 털을 온몸에 덮고 있는 말티즈. 소형견 중에서도 특히 얌전하고 느긋한 성격입니다. 섬세한 면이 있으며 바깥보다는 집안에서 더 활발히 움직입니다. 아름다운 털은 평소에 잘 손질해 주도록 합시다.

211

# Q93

# 얼굴이 긴 개도 있고 코가 납작한 개도 있던데, 왜 개에 따라 얼굴 생김새가 다른 걸까?

**인간의 취향이나 목적에 맞춰 변화시킨 것입니다.**

개의 얼굴 생김새는 긴 얼굴에서 코가 납작한 얼굴까지 실로 각양각색이지요. 견종에 따라 형태가 다른 것은 인간의 취향이나 목적에 맞춰 개량된 결과입니다. 얼굴이 찌부러진 것 같은 짧은 얼굴(단두종)을 가진 불도그는 원래 소와 싸울 목적으로 만들어졌습니다. 소를 물고 늘어지기 쉽도록 얼굴이 짧아졌고, 문채로 호흡할 수 있도록 코가 위를 향하게 되었습니다. 한편 같은 단두종인 퍼그와 페키니즈는 정면으로 몰린 눈이나 아기처럼 둥근 얼굴을 가지고 있습니다. 퍼그와 페키니즈는 애완견으로서 사람들이 사랑스러움을 더 느낄 수 있도록 양육 본능을 자극하는 현재 얼굴 형태로 개량되었습니다.

한편, 긴 얼굴(장두종)인 개들은 빨리 달릴 수 있도록 하기 위해 바람의 저항이 적은 현재의 긴 얼굴이 되었습니다.

## 단두종을 기를 경우 신경을 써야 하는 병이 있습니다.

단두종을 기를 경우 주의해야 하는 병이 바로 호흡기계의 질병입니다. 단두종은 콧구멍이 작으며 기도가 짧고 좁기 때문에, 호흡 장애를 일으키기가 쉽습니다. 퍼그나 불도그 중에 코를 고는 개가 많은 것도 이 때문입니다. 특히 살만 쪄도 기도가 폐쇄되기 쉽기 때문에 비만이 되지 않도록 주의합시다. 엎드린 자세로 자는데도 코를 골거나, "씨익씨익" 소리를 내면서 호흡이 힘들어 보이는 경우에는 수의사에게 상담을 받는 것이 좋습니다.

**A** 목적이나 환경에
맞춰서 바뀐 거야.

 단두종

대표적인 단두종으로는 불도그, 퍼그, 프렌치 불도그 등이 있습니다. 강아지처럼 사랑스러운 인상을 유지하기 위해 머리를 짧게 만든 것은 치와와나 제페니스 친 같은 개입니다.

 장두종

대표적인 장두종으로는 아프간 하운드, 보르조이 등이 있습니다. 장두종 중에는 사막이나 초원 지대에서 살던 종이 많은데, 멀리 내다볼 수 있도록 키가 크고 시야가 넓어진 것이라고 알려져 있습니다.

6 견종별로 가진 신기한 특성

213

## Q94

# 귀가 처져 있는 개는
# 소리를 듣기 어려울까?

**귀 모양과 청각은 상관없습니다.**

　귀 전체가 세워져 있는 개, 귀가 축 처져 있는 개, 귀 끝이 접혀 있는 개 등 귀 모양은 견종에 따라 다양합니다. '귀가 처진 개는 소리를 듣기 힘들지 않을까?' 라고 생각하는 사람들도 있겠지만, 귀가 처져 있다고 해서 청각이 둔하지는 않습니다. 귀가 세워져 있는 개와 비교했을 때 소리를 모으는 능력이 조금 떨어질 수는 있지만 그것도 추측에 불과할 뿐, 소리를 듣기 힘들다는 정확한 근거는 아직까지는 발견하지 못했습니다.

### 귀의 모양에도 여러 가지가 있습니다.

**직립 귀**
말 그대로 귀가 세워져 있는 것을 말합니다.
시바견과 셰퍼드 등이 있습니다.

**반직립 귀**
귀 끝이 앞쪽으로 약간 접힌 귀입니다. 미니어처와 슈나우저 등이 있습니다.

# 처진 귀든 세워져 있는 귀든 청력의 차이는 없어.

## 귀가 처진 개는 외이염에 주의합니다.

귀가 처진 개는 늘 귀가 덮여 있습니다. 그렇기 때문에 통풍이 잘되지 않고 만약 땀이 차게 되면, 귀 속에서 세균 같은 것이 번식하여 외이염에 걸리기 쉬운 경향이 있습니다. 외이염을 알아채지 못하고 방치해 두면 중이염과 내이염으로 발전해서 최악의 경우에는 청각에도 영향을 미칠 위험이 있습니다. 개 중에는 귀 속에 털이 나 있는 개도 있기 때문에 귀 관리는 평소에 꼼꼼하게 합시다. 관리를 해 주는 빈도는 견종이나 개체에 따라 다르기 때문에 적절한 횟수는 수의사에게 상담을 받읍시다.

**장미 귀**
귀가 뒤로 접혀서 안쪽이 보입니다. 불도그 등이 있습니다.

**처진 귀**
처져 있는 귀를 말합니다. 닥스훈트와 비글 등이 있습니다.

# Q95

# 푸들의 트리밍에는
# 어떤 의미가 있는 걸까?

**실용적인 트리밍 스타일입니다.**

푸들이라고 하면 곱슬곱슬하고 풍성한 털을 가졌으며 다양한 트리밍 스타일을 즐길 수 있는 인기 견종입니다. 트리밍 중에서도 다리나 엉덩이 털은 짧게 깎고, 발목이나 꼬리 끝의 털은 퐁퐁 모양으로 남기는 트리밍은 푸들의 전통적인 트리밍 스타일입니다. 새를 잡던 개인 푸들의 트리밍 스타일은, 물가에서 활약하던 시절에 차가운 물로부터 심장을 지키기 위해 남겨야 할 털은 남기고 물속에서 작업할 때 방해가 되는 털은 밀어 낸 결과로 완성된, 실용적인 스타일입니다.

## 푸들의 다양한 트리밍 스타일

**쇼클립**

전통적인 도그쇼용 스타일입니다. 16세기경부터 프랑스의 상류층 사이에서 인기가 생겨 미적인 요소가 더해졌습니다. 균형 잡힌 몸매와 기품 넘치는 표정을 즐길 수 있습니다.

움직이기 쉽고
청결한 스타일이야.

## 위생적으로도 뛰어납니다.

화려한 푸들의 스타일은 위생적으로도 장점이 있습니다. 얼굴이나 발끝, 엉덩이 등 더러워지기 쉬운 곳의 털을 깎는 것은 청결을 유지하는 데 효과적입니다. 또한 털이 뭉치는 것을 막음으로써 피부병 예방도 됩니다. 그렇다고는 하나, 이러한 스타일을 일반 견주들이 만드는 것은 꽤나 힘들기 때문에, 전문 트리머(개의 미용을 전문으로 하는 사람)에게 맡기는 것이 좋습니다. 최근에는 테디베어 컷처럼 비교적 관리하기 쉬운 투박한 스타일도 인기가 있습니다.

### 테디베어 컷

복슬복슬한 곰 인형처럼 사랑스러운 스타일입니다. 털을 밀지 않고 가위로 투박하게 마무리하는 것이 특징입니다. 푸들 특유의 귀여움이 돋보이는 스타일입니다.

반려견과의 사이가 더욱 좋아지는
# 놀이법

개는 놀이를 매우 좋아합니다. 놀면서 반려견의 호기심이나 욕구를 채워 주면, 반려견은 주인을 더욱 좋아하게 될 것입니다. 또한 놀이를 통해서 지시어를 몸에 익히게 할 수도 있습니다.

## 터그 놀이

장난감이나 로프를 끌어당기는 놀이입니다. 물건을 씹는 욕구가 채워져서 개가 주인의 손가락을 무는 버릇을 방지할 수 있습니다.

### 장난감을 보여 준다.

당기기 놀이를 할 장난감을 보여 줍니다. 짖거나 달려들거나 흥분한 것 같으면 차분해질 때까지 기다립니다.

### 움직임에 변화를 준다.

개가 장난감을 물고 늘어지면 놀이가 시작됩니다. 좌우로 크게 움직이거나 조금씩 움직이면서 움직임에 변화를 줘 봅시다.

**흥분하면 멈춘다.**

개가 흥분한다면, 장난감을 자신의 몸 쪽으로 붙여서 움직임을 멈춥니다. 너무 흥분한 나머지 개가 장난감을 계속 물고 있지 않도록 조절합시다.

이리 줘.

**"이리 줘"라고 말한다.**

장난감이 움직이지 않으면 흥미가 줄어들고 입이 느슨해집니다. 이때 "이리 줘"라고 말하면서 장난감을 가져옵니다.

**얌전해지기를 기다린다.**

장난감을 자신의 가슴 근처로 가져온 뒤, 개가 완전히 얌전해질 때까지 기다립니다. 흥분이 가라앉으면 놀이를 재개합니다.

# "가져 와" 놀이

던진 공을 가지고 오게 하는 놀이입니다. 움직이는 것을 쫓는 욕구가 채워집니다. 처음에는 리드줄을 차고 연습합시다.

### 얌전해질 때까지 기다린다.

처음에는 공을 문 채로 도망가는 경우가 많기 때문에, 리드줄을 매고 연습합니다. 흥분이 가라앉을 때까지 공은 던지지 않습니다.

### 공을 던진다.

개가 얌전해지면 가까운 곳에 공을 던집니다.

### "가져 와"라고 한다.

개가 공을 쫓아가서 입에 물면 큰 소리로 칭찬해 주면서 "가져 와"라고 즐겁게 말을 건넵니다.

가져 와!

**계속 칭찬해 준다.**

제자리로 돌아왔을 때도 계속 칭찬해 줍니다. 주인이 기뻐하면 개는 자연스럽게 돌아옵니다.

잘했어!

착하네!

**새로운 공을 보여 준다.**

개가 돌아오면 미리 준비해 둔 새로운 공을 보여 주면서 그쪽으로 흥미를 갖게 합니다. 물고 있던 공을 놓을 때는 "이리 줘"라고 말합니다.

**새로운 공을 던진다.**

개가 물고 있던 공을 받고 나면 새로운 공을 던져서 게임을 재개합니다. 던지는 거리는 조금씩 늘려 나갑시다.

# 보물찾기 놀이

숨겨둔 장난감을 찾는 놀이입니다. 탐색 욕구가 채워집니다. 좋아하는 간식으로 후각을 자극하는 노즈워크 놀이와도 접목시킬 수 있습니다.

 **1**

**장난감을 보여 준다.**

개가 좋아하는 장난감이나 좋아하는 음식을 보여 줘서 흥미를 갖게 합니다.

**2**

**장난감을 둔다.**

처음에는 개가 보이는 장소에 둡니다. "기다려"를 못하는 개라면 함께 장난감을 두러 갑시다.

찾아!

 **3**

**"찾아"라고 말한다.**

장난감을 놔둔 방향을 가리키며 "찾아"라고 말합니다.

**4**

**개를 놓아 준다.**
"찾아"라고 말한 뒤에 개를 놓아 줍니다. 개가 장난감이 있는 장소에 도달할 때까지 "어딜까? 어디?"라고 격려해 주는 것도 좋습니다.

**5**

**장난감을 물고 오면 칭찬해 준다.**
장난감을 물고 오면 마음껏 칭찬해 줍니다. 그 뒤에는 잠깐 동안 그 장난감을 가지고 놀아 줍시다.

**6**

**안 보이는 곳에 숨긴다.**
1~5번 과정을 반복한 뒤에 조금씩 단계를 올려 갑시다. 이번에는 개에게서 보이지 않는 장소에 장난감을 숨깁니다. 규칙을 마스터했다면, 숨기는 과정을 보여 주지 않고 보물찾기 놀이에 도전해 봅시다.

**원서 스태프**

디자인 – 시마다 요시노리
일러스트 – 사사키 사키코, 노다 세츠미, Chao
집필 협조 – 후지와라 도시코
편집 협조 – 3Season, STUDIO PORTO

**참고 문헌**

『犬語の話し方』スタンレー・コレン／著 (文藝春秋)
『イラストでみる犬学』林 良博／監修 (講談社)
『ザ・カルチャークラッシュ』ジーン・ドナルドソン
／著 水越美奈／監修 (レッドハート)

**초판 인쇄일** 2020년 7월 22일
**초판 발행일** 2020년 7월 29일
**2쇄 발행일** 2021년 7월 15일

**감수** 미즈코시 미나
**옮긴이** 허성재
**발행인** 박정모
**등록번호** 제9–295호
**발행처** 도서출판 혜지원
**주소** (10881) 경기도 파주시 회동길 445–4(문발동 638) 302호
**전화** 031) 955–9221~5 **팩스** 031) 955–9220
**홈페이지** www.hyejiwon.co.kr

**기획** 박혜지
**진행** 김태호
**디자인** 김보리
**영업마케팅** 황대일, 서지영
**ISBN** 978–89–8379–470–3
**정가** 13,000원

INU NO SHINRIGAKU AIKEN NO KIMOCHI GA MOTTO WAKARU!
**Copyright © 2013 THREE SEASON**

Korean translation rights arranged with Seito-sha Co., Ltd
through Japan UNI Agency, Inc., Tokyo and BC Agency, Seoul

이 도서의 국립중앙도서관 출판시도서목록(CIP)은 서지정보유통지원시스템 홈페이지(http://seoji.nl.go.kr)와
국가자료공동목록시스템(http://www.nl.go.kr/kolisnet)에서 이용하실 수 있습니다. (CIP제어번호 : CIP2020025452 )